中国地质大学(武汉)实验教学系列教材
“国家地质学理科基地专项基金”资助
中国地质大学(武汉)实验技术研究项目资助

地质学基础

实习指导书

杨宝忠
徐亚军
编

CUGP
中国地质大学出版社
ZHONGGUO DIZHI DAXUE CHUBANSHE

图书在版编目(CIP)数据

地质学基础实习指导书/杨宝忠,徐亚军编.—武汉:中国地质大学出版社,2010.8(2015.7 重印)
[中国地质大学(武汉)实验教学系列教材]
ISBN 978-7-5625-2468-7

Ⅰ.①地…
Ⅱ.①杨…②徐…
Ⅲ.①地质学-高等学校-教学参考资料
Ⅳ.①P5

中国版本图书馆 CIP 数据核字(2010)第 043941 号

地质学基础实习指导书 杨宝忠 徐亚军 编

责任编辑:刘桂涛 责任校对:张咏梅

出版发行:中国地质大学出版社(武汉市洪山区鲁磨路 388 号) 邮政编码:430074
电 话:(027)67883511 传真:67883580 E-mail:cbb@cug.edu.cn
经 销:全国新华书店 http://www.cugp.cn

开本:787 毫米×1092 毫米 1/16 字数:227 千字 印张:8.875
版次:2010 年 8 月第 1 版 印次:2015 年 7 月第 3 次印刷
印刷:荆州市鸿盛印务有限公司 印数:4 001—6 000 册

ISBN 978-7-5625-2468-7 定价:24.00 元

前　言

本实习教材是《地质学基础》(杨坤光等,2009)的配套教材。地质学基础是需要具备相当地质学知识的自然科学和工程科学各类专业本科生在大学学习期间接触的最重要的地质学课程,是学生在有限学时内掌握地质知识、培养地质思维的关键课程。为了巩固和加深对地质学基础理论知识的理解和掌握、加强理论联系实际、培养学生的动手能力,而编写了此书——《地质学基础实习指导书》。

本书内容包括两篇:第一篇为室内教学实习;第二篇为武汉地区野外教学实习。室内教学按现行《地质学基础》(120 学时、72 学时)教学大纲要求修编,适用于地球物理、油藏工程、岩土工程、环境工程、地理科学等专业。室内实习包括 16 次实习,实习一至实习四为矿物标本观察与描述;实习五至实习十为岩石标本观察与描述;实习十一、实习十二为古生物化石观赏与地层的划分对比;实习十三至实习十六主要是认识地形地质图,阅读常见的地质图件,并绘制地质剖面图。书后附有图例、岩性花纹和各种地质图件供选择使用。野外实践教学路线 9 条,包括岩石、地层、构造、风化作用、河流地质作用以及地下水地质作用等内容。通过实习,要求学生能认识常见的矿物、岩石,并能进行简单的描述;能够阅读常见的地质图件;掌握绘制地质图件的基本方法;认识常见的地质现象;了解野外地质工作的基本方法。

参考资料及相应的背景知识使用小字体附在相应章节之后,供学生参考使用。

本书中第一篇实习五至实习十由徐亚军编写,其他内容均由杨宝忠编写。图件或相片未注明作者的均由杨宝忠清绘或拍摄。由于编者水平有限,难免有不足甚至错误之处,敬请使用者提出宝贵意见。

本书是构造地质系地质学基础教研组全体老师长期教学经验的积累，编写过程中得到了教研组全体老师的支持与帮助，在此表示感谢!

编　者

2009 年 11 月

《地质学基础》（A－120 学时）实习参考方案（32 学时）

序号	实习安排	内容
01	自然元素、硫化物	石墨、自然金、金刚石、方铅矿、闪锌矿、辰砂、黄铜矿、辉锑矿、雄黄、雌黄、辉钼矿、黄铁矿、毒砂
02	氧化物、氢氧化物及卤化物	刚玉、赤铁矿、锡石、软锰矿、石英、铬铁矿、磁铁矿、铝土矿、褐铁矿、硬锰矿、萤石
03	含氧盐（一）	橄榄石、红柱石、蓝晶石、石榴石、黄玉、绿帘石、绿柱石、电气石、普通辉石、普通角闪石、蛇纹石、高岭石
04	含氧盐（二）	白云母、黑云母、绿泥石、正长石、斜长石、方解石、白云石、孔雀石
05	陆源碎屑岩及火山碎屑岩	砾岩、石英砂岩、长石砂岩、岩屑砂岩、粉砂岩、粘土岩、页岩、集块岩、火山角砾岩、凝灰岩、熔结凝灰岩
06	内源沉积岩	内碎屑灰岩、生物碎屑灰岩、鲕粒灰岩、泥灰岩、白云岩、硅质岩
07	岩浆岩结构与构造	斑状结构、似斑状结构、粒状结构、块状构造、斑杂构造、气孔构造、杏仁构造等
08	超基性岩-基性岩及脉岩	橄榄岩、金伯利岩、辉长岩、辉绿岩、玄武岩、煌斑岩、细晶岩、伟晶岩
09	中性岩、酸性岩	闪长岩、闪长玢岩、安山岩、正长岩、正长斑岩花岗岩、花岗斑岩、流纹岩
10	变质岩	板岩、千枚岩、片岩、片麻岩、大理岩、石英岩、构造角砾岩、糜棱岩、角岩、矽卡岩、条带状混合岩、片麻状混合岩
11	古生物化石及博物馆参观	观察三叶虫、笔石、腕足类、鹦鹉螺类、菊石类、双壳类、珊瑚化石；参观博物馆，了解澄江动物群、关岭动物群和热河动物群的主要代表性古生物化石
12	地层划分与对比	对湖北宜昌南华系—寒武系剖面进行组的划分，并与湖北秭归剖面和山东张夏剖面对比
13	认识地质图，作简单地质剖面图	作《凌河地区 A－B 剖面图》
14	作褶皱地区地质剖面图	作《暮云岭地区 A－B 剖面图》
15	作断层地区地质图	作《星岗地区 A－B 剖面图》
16	作构造等值线图	作《凉风垭地区构造等值线图》

《地质学基础》（B－72学时）实习参考方案（24学时）

序号	实习安排	内　　容
01	自然元素、硫化物	石墨、自然金、金刚石、方铅矿、闪锌矿、辰砂、黄铜矿、辉锑矿、雄黄、雌黄、辉钼矿、黄铁矿、毒砂
02	氧化物、氢氧化物及卤化物	刚玉、赤铁矿、锡石、软锰矿、石英、铬铁矿、磁铁矿、铝土矿、褐铁矿、硬锰矿、萤石
03	含氧盐	橄榄石、红柱石、蓝晶石、石榴石、黄玉、普通辉石、普通角闪石、高岭石、白云母、黑云母、正长石、斜长石、方解石、白云石
04	陆源碎屑岩及火山碎屑岩	砾岩、石英砂岩、长石砂岩、岩屑砂岩、粉砂岩、粘土岩、页岩、集块岩、火山角砾岩、凝灰岩、熔结凝灰岩
05	内源沉积岩	内碎屑灰岩、生物碎屑灰岩、鲕粒灰岩、泥灰岩、白云岩、硅质岩
06	超基性岩-基性岩及脉岩	橄榄岩、金伯利岩、辉长岩、辉绿岩、玄武岩、煌斑岩、细晶岩、伟晶岩
07	中性岩、酸性岩	闪长岩、闪长玢岩、安山岩、正长岩、正长斑岩花岗岩、花岗斑岩、流纹岩
08	变质岩	板岩、千枚岩、片岩、片麻岩、大理岩、石英岩、碎裂岩、糜棱岩、矽卡岩、条带状混合岩或片麻状混合岩
09	古生物化石及博物馆参观	三叶虫、笔石、腕足类、鹦鹉螺类、菊石类、双壳类、珊瑚；参观博物馆，了解澄江动物群、关岭动物群和热河动物群的主要代表性古生物化石。
10	认识地质图，作简单地形剖面图	作《凌河地区地质图》
11	作褶皱地区地质剖面图	做《暮云岭地区 A－B 剖面图》
12	作断层地区地质图	做《星岗地区 A－B 剖面图》

目　录

第一篇　课堂实习

实习一　自然元素、硫化物 …………………………………………………… (3)
实习二　氧化物、氢氧化物及卤化物 ……………………………………… (9)
实习三　含氧盐(一) ……………………………………………………… (15)
实习四　含氧盐(二) ……………………………………………………… (21)
实习五　陆源碎屑岩及火山碎屑岩 ……………………………………… (27)
实习六　内源沉积岩 ……………………………………………………… (33)
实习七　岩浆岩的结构与构造 …………………………………………… (36)
实习八　超基性岩、基性岩及脉岩………………………………………… (39)
实习九　中性岩、酸性岩…………………………………………………… (44)
实习十　变质岩 …………………………………………………………… (47)
实习十一　古生物化石及博物馆参观 …………………………………… (53)
实习十二　地层划分与对比 ……………………………………………… (56)
实习十三　认识地质图、作地形剖面图和地质剖面图…………………… (58)
实习十四　读褶皱地区地质图并作地质剖面 …………………………… (63)
实习十五　读断层地区地质图并作地质剖面 …………………………… (67)
实习十六　绘制构造等值线图 …………………………………………… (70)
附录Ⅰ　各种地质符号 …………………………………………………… (74)
附录Ⅱ　各种常见岩石花纹图例 ………………………………………… (75)

附录Ⅲ 地层代号及色谱 ……………………………………………………………… (78)
附图Ⅰ-1 矿物(或碎屑颗粒、砾石等)标准含量图 ……………………………… (79)
附图Ⅰ-2 湖北宜昌南华系—寒武系地层综合柱状图 …………………………… (80)
附图Ⅰ-3 湖北秭归、宜昌,山东张夏地层对比图 ……………………………… (81)
附图Ⅰ-4 龙虎山地形图 ……………………………………………………………… (82)
附图Ⅰ-5 凌河地区地形地质图 …………………………………………………… (83)
附图Ⅰ-6 暮云岭地区地形地质图 ………………………………………………… (84)
附图Ⅰ-7 星岗地区地形地质图 …………………………………………………… (85)
附图Ⅰ-8 凉风垭地形及钻孔分布图 ……………………………………………… (86)

第二篇 武汉地区野外实习

第一节 前 言 ………………………………………………………………………… (89)
第二节 地质概况 ……………………………………………………………………… (92)
第三节 实习路线及观察内容 ………………………………………………………… (95)
路线1 实习方法简介及地貌观察 ………………………………………………… (95)
路线2 南望山地层及构造观察 …………………………………………………… (100)
路线3 喻家山西北侧地层及构造观察 …………………………………………… (102)
路线4 大冶铁山东采坑岩浆岩、变质岩、矿床及构造观察 …………………… (106)
路线5 秀山构造观察 ……………………………………………………………… (112)
路线6 校园矿物、岩石及化石观察 ……………………………………………… (115)
路线7 白云洞地下水地质作用及风化壳观察 …………………………………… (119)
路线8 阳逻河流地质作用观察 …………………………………………………… (122)
路线9 中国地质大学逸夫博物馆综合地质教学 ………………………………… (126)
第四节 地质认识实习报告编写 ……………………………………………………… (132)
参考书目 ………………………………………………………………………………… (134)

第一篇 课堂实习

实习一　自然元素、硫化物

一、目的与要求

（1）学习对矿物形态与物理性质的系统描述。

（2）观察描述常见自然元素和硫化物矿物的形态和物理性质。

（3）总结自然元素和硫化物矿物的鉴定特征。

（4）初步了解自然元素和硫化物矿物的用途。

二、实习方法与用品

1. 实习方法

矿物的肉眼鉴定是学生所必须具备的基础能力，也是深入研究矿物、应用矿物的第一步。学会肉眼鉴定矿物，掌握对矿物的形态、物理性质准确全面地观察与描述是十分必要的。首先观察矿物的形态，再对矿物的颜色、条痕色、光泽、透明度、解理、裂理、断口、硬度、密度及磁性等进行观察描述，并了解矿物的鉴定特征与其形态、物理性质之间的相同与差异点，总结出矿物的鉴定特征。

2. 实习用品

放大镜、小刀、H 铅笔、瓷板。

三、内容

（1）自然元素：石墨、自然金和金刚石。

（2）硫化物矿物：方铅矿、闪锌矿、辰砂、黄铜矿、辉锑矿、雄黄、雌黄、辉钼矿、黄铁矿、毒砂。

四、注意事项

（1）注意比较形态或物理性质相近似、易混淆的矿物。

（2）注意区分下列各组矿物：黄铁矿与黄铜矿（表 1-1）；辉锑矿与方铅矿（表 1-2），雄黄、雌黄和辰砂（表 1-3）。

表 1-1　黄铁矿与黄铜矿

区别特征＼矿物	黄铁矿	黄铜矿
形　态	单体常为立方体，晶面具相互垂直晶纹	单体少见，常为致密块状集合体
颜　色	浅铜黄色	铜黄色
摩氏硬度	6～6.5	4～5

表 1-2 辉锑矿与方铅矿

区别特征 \ 矿物	辉锑矿	方铅矿
单体形态	柱状	立方体
解理	一组柱面完全解理	三组完全解理
其他	加 KOH 生成橘黄色沉淀物	相对密度大、性脆

表 1-3 雄黄、雌黄和辰砂

区别特征 \ 矿物	雄黄	雌黄	辰砂
颜色	橘红色	柠檬黄色	鲜红色，具铅灰色锖色
解理	一组完全解理	一组完全解理	三组完全解理
相对密度	中等	中等	大

五、作业

(1) 记录对上述矿物的观察内容。记录格式按：矿物名称（化学式）、形态、物理性质（颜色、条痕、光泽、透明度、解理与断口、硬度、相对密度、其他性质）、鉴定特征的顺序逐项记述。

(2) 用简单快捷的方法区分下列各组矿物：黄铜矿与黄铁矿；辉锑矿与方铅矿。

教学参考资料

自然金(Gold)　Au

等轴晶系，良好晶体极少见。自然金通常呈树枝状、粒状或鳞片状，较少呈不规则的大块状，俗称“狗头金”。颜色、条痕均为金黄至浅黄色，随含银量增加而变淡，金属光泽，不透明。摩氏硬度 2.5～3，无解理。相对密度 15.6～19.3。是热和电的良导体，不氧化，不溶于酸，可溶于王水。有强的延展性，1 克自然金可拉成约 2 km 长的细丝。

产于原生矿床中的自然金俗称山金，它主要产于含金石英脉或蚀变岩脉中，故又称为脉金；产于砂矿中的金俗称砂金。金为贵金属，可用于制造货币、装饰品及精密仪器零件等。

鉴定特征：金黄色，强金属光泽；密度大，硬度低，无解理，延展性强，热和电良导体，熔点高，相对密度大。

石墨(Graphite)　C

六方或三方晶系，与金刚石成同质多像。石墨晶体结构中，碳原子按六方环状成层排列。石墨晶体呈六方片状，集合体常呈鳞片状、土状、块状。铁黑色或钢灰色，条痕为黑色，半金属光泽，不透明；摩氏硬度 1～2，一组极完全底面解理；相对密度 2.21～2.26；易污手，手摸具滑感；电的良导体，耐高温，不溶于酸。

石墨常见于变质岩中，是有机碳物质变质形成的，煤层经热变质也可形成石墨，有些火成岩中也可出现少量石墨。石墨可用于制造电极、润滑剂、铅笔芯、原子反应堆中的中子减速剂以及用来合成金刚石。

鉴定特征：晶体呈六方片状，集合体常为鳞片状或块状，黑色，半金属光泽，硬度小，极完全解理，相对密度小，有滑感，易污手，具良好的导电性。与辉钼矿相似，但辉钼矿具更强的金属光泽，相对密度大，在涂釉的瓷板上条痕黄绿色。

金刚石(Diamond)　C

主要为等轴晶系，与石墨和六方晶系的金刚石成同质多像。金刚石晶体结构中，每个碳原子均被其他4个碳原子所围绕，形成四面体。金刚石典型的晶形是八面体、菱形十二面体及它们的聚形(图1-1)。金刚石无色透明，若含杂质则呈现黄、蓝、绿、黑等不同颜色，强金刚光泽；摩氏硬度10，是已知物质中硬度最高的，但有中等八面体解理，性脆。相对密度3.47～3.53。在X射线照射下会发出蓝绿色荧光，这一特性被用于从矿砂中选矿；具半导体性能。金刚石加热到1000℃时，可缓慢变为石墨。

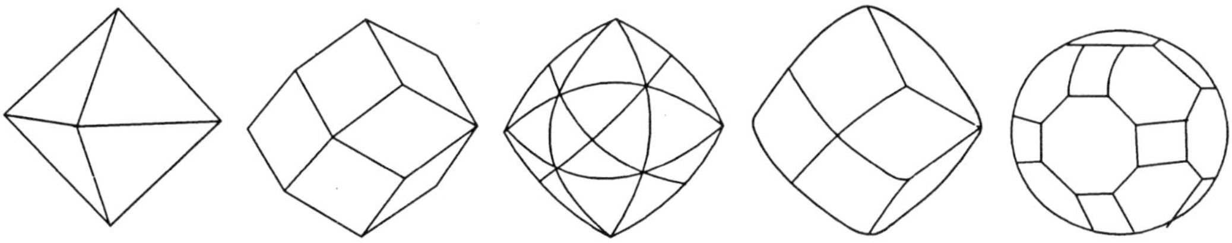

图1-1　金刚石的几种晶形

原生金刚石主要产于金伯利岩或钾镁煌斑岩的岩筒或岩脉中，砂金刚石产于冲积的砂矿中。金刚石可做宝石、钻头、研磨、切削工具，也可做高温半导体，高导热原料。

鉴定特征：最大的硬度和典型的金刚光泽。

世界最著名的金刚石产地有南非的金伯利地区、澳大利亚西部、俄罗斯的雅库特、美国的阿拉斯加和巴西的西纳斯吉拉斯等地。中国的辽宁、山东、湖南和贵州出产金刚石。世界最大的宝石级金刚石1905年发现于南非的普列米尔，重3 106ct(克拉)，取名为“库里南”。中国最大的金刚石是1977年在山东临沭县常林村发现的，重158.786ct，取名为“常林钻石”。

方铅矿(Galena)　PbS

等轴晶系。晶体外形常呈立方体，有时为立方体和八面体的聚形(图1-2)，集合体常呈粒状和块状。铅灰色，条痕灰黑色，金属光泽。摩氏硬度2.5，相对密度7.4～7.6(重要的鉴定特征之一)。方铅矿还有一个重要特征是发育三组相互垂直的完全解理，故它很容易裂成立方体小块。

方铅矿是自然界分布最广的含铅矿物，经常在热液矿脉及接触交代矿床中产出，伴生矿物

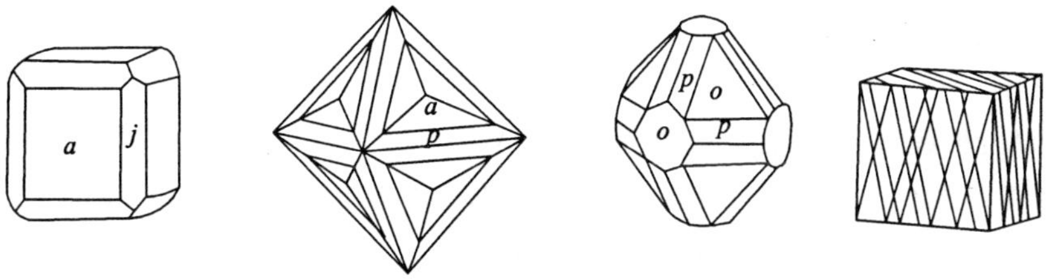

图1-2　方铅矿的晶形

有闪锌矿、黄铜矿、黄铁矿、石英、重晶石等。它是炼铅的最重要的矿物原料，而含银的方铅矿又是炼银的重要原料。

鉴定特征：根据解理、相对密度及形态可以准确地与其他铅灰色矿物（辉钼矿、辉锑矿等）相区别。

世界著名产地有美国密西西比谷地、澳大利亚新南威尔士布罗肯希尔、墨西哥圣犹拉里亚、加拿大苏里万矿以及东欧的保加利亚、捷克和斯洛伐克。中国的著名产地有云南金顶、广东矾口、青海锡铁山等。

闪锌矿(Sphalerite)　ZnS

等轴晶。晶体结构中经常含有铁(Fe)、镉(Cd)、铟(In)、镓(Ga)等有价值的元素。闪锌矿近乎无色，随含铁量的增加，颜色从浅黄、黄褐变到铁黑色，透明度也由透明到半透明，甚至不透明。闪锌矿的条痕颜色较矿物颜色浅，呈浅黄或浅褐色。无色晶体新鲜解理面呈金刚光泽，浅色闪锌矿稍有松脂光泽，深色闪锌矿呈半金属光泽。闪锌矿完好晶形呈四面体或菱形十二面体（图 1－3），但少见，常呈粒状集合体。完全的菱形十二面体解理（实际观察中很少能看到六个方向有解理）。摩氏硬度 3.5～4，相对密度 3.9～4.2。

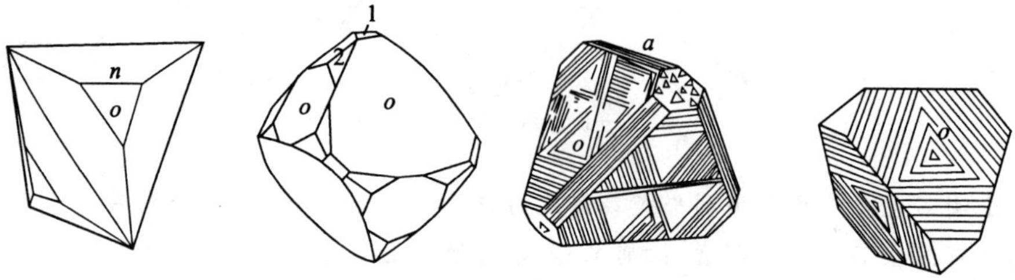

图 1－3　闪锌矿的晶形及晶面花纹

闪锌矿常形成于热液矿床中，几乎总与方铅矿共生，是提炼锌的主要矿物原料，其成分中所含的镉、铟、镓等稀有元素也可以综合利用。

鉴定特征：颜色变化大，可根据晶形、多组解理、硬度小鉴别。

世界著名产地是澳大利亚的布罗肯希尔、美国密西西比河谷地区等。中国著名产地是云南金顶、广东矾口和青海锡铁山。

辰砂(Cinnabar)　HgS

三方晶系。晶体主要是菱面体和厚板形，少数为短柱形，常见贯穿双晶。常见的是粒状、块状以及被膜状集合体。矿物和条痕都呈朱红色，金刚光泽；三组完全解理，相对密度 8.0，摩氏硬度为 2～2.5。

辰砂是典型的低温热液矿物，几乎是提炼汞的唯一矿物原料；单晶体可做激光调制晶体，是当前激光技术的关键材料；另外，辰砂还是中药材之一。

鉴定特征：根据颜色、条痕及相对密度与雄黄区别。

世界著名的辰砂产地是西班牙的阿尔玛登、意大利的伊德里亚、俄罗斯的尼基托夫卡、美国的新阿尔玛登。中国产地有新疆阿勒泰、湖南晃县和贵州铜仁等。中国湖南辰州（今沅陵）盛产此矿物，故称辰砂，古时又称丹砂或朱砂。

黄铜矿(Chalcopyrite)　$CuFeS_2$

四方晶系。单个晶体很少见，集合体常为不规则的粒状或致密块状。黄铜色，表面常有斑驳的蓝、紫、褐色的锖色膜，条痕绿黑色，金属光泽；断口参差状或贝壳状，无解理；摩氏硬度3～4，性脆；相对密度4.1～4.3。

黄铜矿主要形成于(超基性、基性)岩浆作用、接触交代作用、热液作用的矿床中或沉积层状铜矿中，是提炼铜的主要矿物之一，是仅次于黄铁矿的最常见的硫化物。在地表风化作用下，黄铜矿常变为绿色的孔雀石和蓝色的蓝铜矿。

鉴定特征：根据颜色和硬度区别于无晶形的黄铁矿；以绿黑色条痕、性脆及溶于硝酸与自然金相区别。

世界著名产地是西班牙的里奥廷托、德国的曼斯菲尔德、瑞典的法赫伦、美国的亚利桑那和田纳西州等。中国的黄铜矿分布较广，著名产地有甘肃白银厂、山西中条山、长江中下游的湖北、安徽和西藏高原等。

辉锑矿(Antimonite)Sb_2S_3

斜方晶系。晶体常见，形态特征鲜明，单晶具有锥面的长柱状或针状，柱面具明显的纵纹，一般呈柱状、针状、放射状或块状集合体。铅灰色，条痕黑灰色，强金属光泽，不透明；沿柱面发育有一组完全板面解理，性脆；摩氏硬度2～2.5；相对密度4.52～4.62；蜡烛加热可以熔化。

辉锑矿是提炼锑的最重要的矿物原料。辉锑矿常与黄铁矿、雌黄、雄黄、辰砂、方解石、石英等共生于低温热液矿床中，是分布最广的锑矿石。

鉴定特征：针状、柱状单晶，柱面有明显纵纹，集合体为放射状。钢灰色，金属光泽，解理完全，解理面有横纹，硬度小，相对密度较大。

中国是著名的产锑国家，储量居世界第一，尤以湖南新化锡矿山的锑矿储量大，质量高。

雄黄(Realgar)　As_4S_4(AsS)

单斜晶系。单晶体通常细小，呈短柱状，少见，一般以粒状或块状集合体产出。长期曝露于日光下会变为粉末状。常呈橘红色，条痕呈淡橘红色，与辰砂相似，但辰砂的条痕颜色鲜红，呈油脂光泽；摩氏硬度1.5～2；板状解理良好；相对密度3.48。

雄黄与雌黄、辰砂、辉锑矿紧密共生于低温热液矿床中。雄黄与雌黄是提取砷及制造砷化物的主要矿物原料。雄黄是中国传统中药，具杀菌、解毒功效。

鉴定特征：根据颜色、条痕色、解理及相对密度可与辰砂相区别。此外，条痕加KOH分解出黑色或褐黑色砷也可区别之。

世界著名产地是马其顿的阿尔查尔、格鲁吉亚的鲁库米斯(晶体最大直径可达5cm)、德国萨克森和美国犹他州等。中国湖南慈利和云南南华也有出产。

雌黄(Orpiment)　As_2S_3

单斜晶系。单晶体呈板状或短柱状，集合体呈片状、肾状、土状等。柠檬黄色，条痕鲜黄色，油脂光泽至金刚光泽；摩氏硬度1.5～2，相对密度3.49；板状解理极完全。与自然硫相似，但自然硫不具完全解理。

雌黄经常与雄黄共生，主要形成于低温热液矿床中；也可形成于热泉沉积物、火山凝华物及煤层中。是提取砷及制造砷化物的主要矿物原料。

鉴定特征：根据颜色、条痕色、一组极完全解理、相对密度大与自然硫相区别。

中国云南和湖南均为著名产地。

辉钼矿(Molybdenite) MoS_2

晶体有不同类型,分属六方晶系和三方晶系。晶体为六方板状、层状,通常呈叶片状、鳞片状集合体。铅灰色,表面像铅,条痕为亮铅灰色,强金属光泽;一组极完全底面解理;摩氏硬度约1～1.5;相对密度5;薄片具挠性。在光薄片下不透明,有白色到灰白色的强烈多色性和非均质性。与石墨相似,但以其密度较大、光泽较强、颜色及条痕较淡与石墨相区别。

产于中、高温热液矿床和矽卡岩矿床中。氧化带易出现黄色粉末状的钼华。

鉴定特征:颜色、光泽、相对密度以及涂釉瓷板上条痕与石墨区别。以其形态、解理与方铅矿、辉锑矿等相区别。

黄铁矿(Pyrite) FeS_2

等轴晶系。成分中通常含钴、镍和硒,具有NaCl型晶体结构。常有完好的晶形,呈立方体、八面体、五角十二面体及其聚形。立方体晶面上有与晶棱平行的条纹,各晶面上的条纹相互垂直(图1-4)。集合体呈致密块状、粒状或结核状。浅黄(铜黄)色,条痕绿黑色,强金属光泽,不透明;无解理,参差状断口;摩氏硬度6～6.5,小刀刻不动;相对密度4.9～5.2。在地表条件下易风化为褐铁矿。

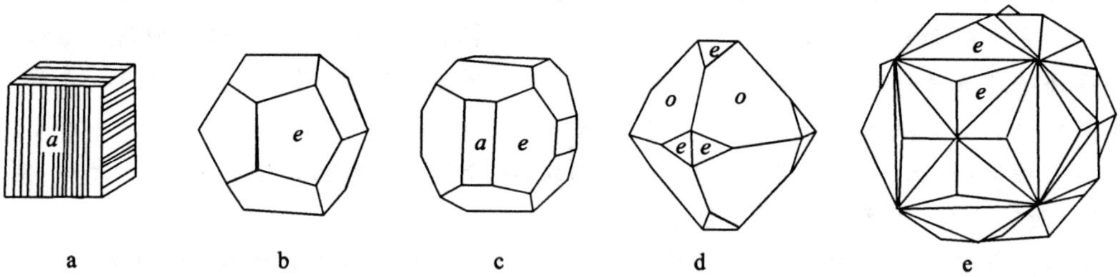

图1-4 黄铁矿的晶面花纹、晶形

黄铁矿是分布最广泛的硫化物矿物,在各类岩石中都可出现。黄铁矿是提取硫和制造硫酸的主要原料。

鉴定特征:根据完好的晶形和晶面条纹、颜色、较大的硬度可与相似的黄铜矿区别。

世界著名产地有西班牙、捷克、斯洛伐克和美国。中国黄铁矿的储量居世界前列,著名产地有广东英德和云浮、安徽马鞍山、甘肃白银厂等。

毒砂(Arsenopyrite) FeAsS

单斜晶系。单晶体常呈柱状,集合体常为粒状或致密块状。锡白色,条痕灰黑色,金属光泽;摩氏硬度5.5～6.0;相对密度6.2。锤击它,发出蒜臭味。

毒砂常产于高温热液矿床、伟晶岩及交代矿床中,在钨锡矿脉中与黑钨矿、锡石共生。毒砂是分布最广的一种砷的硫化物,常含类质同像混入物钴,所以毒砂除可以作为提取砷及制造砷化物的原料外,可以用来提取钴。

鉴定特征:根据锡白色、较完好的晶形、较大的硬度以及打击后有蒜臭味与方铅矿、黄铁矿等相区别。

世界著名产地有德国、英国、加拿大等地。中国的毒砂多分布于湖南、江西、云南等地。

实习二 氧化物、氢氧化物及卤化物

一、目的与要求

(1) 观察描述常见氧化物、氢氧化物及卤化物矿物的形态和物理性质。

(2) 掌握主要氧化物、氢氧化物及卤化物矿物的鉴定特征，并能进行详细、准确的描述。

(3) 了解主要氧化物及氢氧化物矿物形成地质环境和条件，了解这些矿物的主要用途。

二、实习用品

放大镜、小刀、H铅笔、瓷板、磁铁、紫外灯、双氧水、稀盐酸及氢氧化钾试液。

三、内容

(1) 氧化物、氢氧化物矿物：刚玉、赤铁矿、锡石、软锰矿、石英、铬铁矿、磁铁矿、铝土矿、褐铁矿、硬锰矿。

(2) 卤化物矿物：萤石、食盐(介绍)。

四、注意事项

(1) 观察记录各矿物的形态、物理性质，总结各矿物的鉴定特征。

(2) 注意比较形态或物理性质相近似、易混淆的矿物，区分下列各组矿物：磁铁矿、赤铁矿和褐铁矿(表1-4)；闪锌矿与黑钨矿(表1-5)；石墨、辉钼矿和软锰矿(表1-6)。

表1-4 磁铁矿、赤铁矿和褐铁矿

区别特征＼矿物	磁铁矿	赤铁矿	褐铁矿
集合体形态	粒状、致密块状集合体	鲕状、肾状集合体、鳞片状集合体(镜铁矿)	土状、疏松多孔状或致密块状集合体
条痕	黑色	樱桃红色	黄褐色
磁性	强磁性	无磁性—弱磁性	弱磁性

表1-5 闪锌矿与黑钨矿

区别特征＼矿物	闪锌矿	黑钨矿
单体形态	四面体或粒状	板状
解理	六组完全解理	一组与板面垂直的完全解理
相对密度	中等	大

表 1-6 石墨、辉钼矿和软锰矿

区别特征 \ 矿物	石墨	辉钼矿	软锰矿
条痕	亮黑色,摩擦后色不变	亮灰色,摩擦后变为黄绿色	蓝黑色
其他	具滑感,薄片具挠性		粗糙感,H_2O_2 强烈起泡

五、作业

(1) 记录对上述矿物的观察内容。

(2) 用简单快捷的方法区分下列各组矿物:辉钼矿、软锰矿;磁铁矿、黑钨矿、褐铁矿。

教学参考资料

刚玉(Corundum)　a-Al_2O_3

三方晶系。可含微量的Fe、Ti或Cr等元素。一般为蓝灰、黄灰、红和绿色,含少量的铬呈红色,含少量的铁和钛呈蓝色。红宝石和蓝宝石是透明的红色和蓝色宝石级刚玉的别称。单晶多呈桶状双锥形或双锥与底板面的聚形,较少为厚板状,晶面上常有斜纹或横纹。集合体呈粒状或致密块状。玻璃光泽,无解理,裂理发育,摩氏硬度9,相对密度3.98。

常产于超基性岩内的伟晶岩中以及高铝低硅的变质岩中,并常见于冲积砂矿中。刚玉可作为研磨材料及制造精密仪器的轴承,颜色鲜艳透明者可作贵重宝石。

鉴定特征:晶形、硬度、颜色和裂理为特征。不溶于酸,吹管焰下不变化。

世界著名产地有俄国的乌拉尔山脉、南非的德兰士瓦、加拿大的安大略、土耳其的士麦那、希腊的纳克索斯。而宝石级的砂矿刚玉主要产于缅甸、斯里兰卡、泰国、坦桑尼亚、美国蒙大拿州。

赤铁矿(Hematite)　Fe_2O_3

三方晶系或等轴晶系。单晶体常呈菱面体和板状,集合体形态多样,有片状、鳞片状(显晶质)、粒状、鲕状、肾状、土状、致密块状等。显晶质呈铁黑至钢灰色,隐晶质呈暗红色,条痕樱桃红色,金属光泽至半金属光泽;摩氏硬度5.5~6.5,无解理,相对密度5.0~5.3。

是自然界分布极广的铁矿物,是重要的炼铁原料,也可用作红色颜料。多数重要的赤铁矿矿床是变质成因的,也有一些是热液形成的,或大型水盆地中风化和胶体沉淀形成的。

鉴定特征:樱桃红色或红棕色条痕为其特征。据各种形态和无磁性,可与磁铁矿、钛铁矿相区别。

世界著名产地有美国的苏必利尔湖和克林顿、俄国的克里沃伊罗格和巴西的米纳斯吉拉斯州。中国著名产地有辽宁鞍山、甘肃镜铁山、湖北大冶、湖南宁乡和河北宣化。

锡石(Cassiterite)　SnO_2

四方晶系。常含Fe、Nb、Ta等氧化物的细分散包裹体。单晶体常呈双锥短柱状,也有呈细长柱状或双锥状的,膝状双晶普遍(图1-5),集合体多呈粒状。纯净锡石近乎无色,一般呈黄棕色至深褐色,金刚光泽,断口油脂光泽,半透明至不透明;摩氏硬度6.0~7.0,相对密度

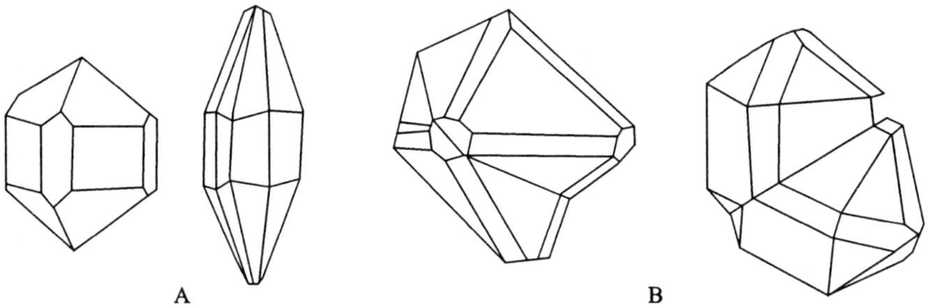

图 1-5 锡石的单晶(A)与膝状双晶(B)

6.8～7.1。

主要产于花岗岩类侵入体内部或近岩体围岩的热液脉中，在伟晶岩中也常有分布。是最常见的锡矿物，是炼锡的主要矿物原料。

鉴定特征：可根据晶形、双晶以及光泽区别于石榴石。以相对密度大区别于金红石和锆石。与很多相似矿物需靠化学反应区别，即将锡石颗粒放置锌板上，加 1～2 滴 HCl 把锡石淹没，静置 2～3 分钟，便可见锡石颗粒表面有一层锡白色的金属锡薄膜。此法对含锡矿物均可适用，对锡石尤其可行。

世界著名产地是中国云南、广西及南岭一带以及东南亚、玻利维亚、俄罗斯。中国云南个旧锡矿开采悠久，素有“锡都”之称。

软锰矿(Pyrolusite)　MnO_2

四方晶系。通常呈肾状、结核状、块状或粉末状集合体，其中呈树枝状似化石的形态长于裂隙面的，俗称假化石。通常铁黑色，条痕黑色，半金属光泽；摩氏硬度 1～2，摸之污手；相对密度 4.5～5。

软锰矿是在强烈氧化条件下形成的。除呈矿巢或矿层产于残留粘土中外，主要在沼泽中以及湖底、海底和洋底形成沉积矿床。是最普通的锰矿物，也是提炼锰的重要的矿石矿物。

鉴定特征：形态、解理、条痕和硬度与其他黑色矿物区别。隐晶质时加 H_2O_2 剧烈起泡；溶于盐酸中放出氯气，使溶液呈淡绿色。

世界著名产地有俄罗斯、加蓬、巴西、澳大利亚。中国湖南、广西、辽宁、四川等地有产出。

石英(a-quarts)　SiO_2

三方晶系，即低温石英(α)，是石英族矿物中分布最广的一个矿物种。广义的石英还包括六方晶系的高温石英(β)(图 1-6,B)。低温石英常呈带尖顶的六方柱状晶体，柱面有横纹，类似于六方双锥状的尖顶实际上是由两个菱面体单形所形成的(图 1-6,A)。纯净的石英无色透明，玻璃光泽，贝壳状断口上具油脂光泽；无解理，摩氏硬度 7，相对密度 2.65。受压或受热能产生电效应。因粒度、颜色、包裹体等的不同而有许多变种。无色透明称为水晶，紫色水晶俗称紫晶，烟黄色、烟褐色至近黑色的俗称茶晶、烟晶或墨晶，玫瑰红色的俗称芙蓉石；呈肾状、钟乳状的隐晶质石英称石髓，具不同颜色同心条带构造的晶腺叫玛瑙，玛瑙晶腺内部有明显可见的液态包裹体的俗称水胆玛瑙，细粒微晶组成的灰色至黑色隐晶质石英称燧石。

石英的用途很广，无裂隙、无缺陷的水晶单晶用作压电材料，用来制造石英谐振器和滤波器，一般石英可以作为玻璃原料，紫色、粉色的石英和玛瑙还可作雕刻工艺美术作品的原料。

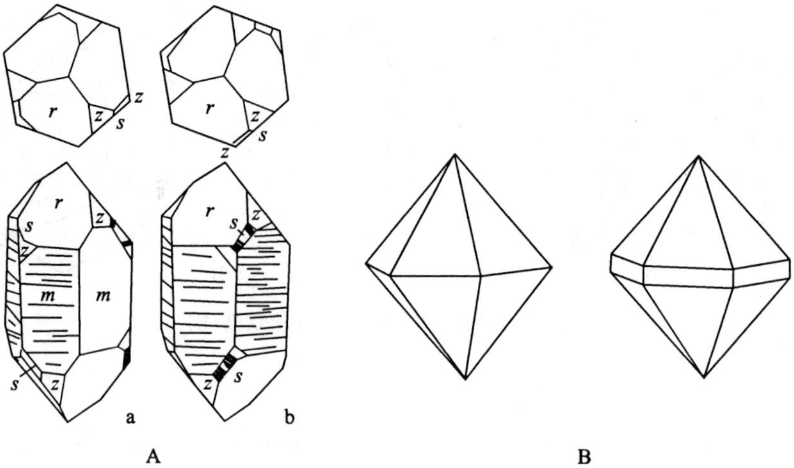

图 1-6 α-石英晶形左形(A-a)、右形(A-b)和 β-石英(B)晶形

鉴定特征：常呈柱状晶体，柱面有横纹。常为无色透明，颜色变化大；玻璃光泽，断口油脂光泽；无解理，贝壳状断口；硬度大；相对密度小，具有压电性和焦电性；抗风化性强。

巴西是世界著名的水晶出产国，曾发现直径 2.5m、高 5m、重达 40 余吨的水晶晶体。

铬铁矿(Chromite)　$FeCr_2O_4$

等轴晶系。晶体呈细小八面体。一般呈粒状或致密状集合体。成分比较复杂，广泛存在 Cr_2O_3、Al_2O_3、Fe_2O_3、FeO、MgO 五种基本组分的类质同像置换。暗棕色至黑色，条痕棕色、褐色；半金属光泽；无解理；硬度 5.5，相对密度 5.09；含铁多时具磁性。

常产于超基性岩中，与橄榄石共生，也见于砂矿中。铬铁矿是我国的短缺矿种，储量少，产量低，每年消费量的 80%以上依靠进口。

鉴定特征：以黑色、条痕深棕色、硬度大和产于超基性岩中为鉴定特征；铬铁矿外表看来很像磁铁矿，不同之处是磁性很弱，条痕为棕色，和磁铁矿的黑色不同。

世界著名产地有中国(四川、甘肃、西藏、青海)、俄罗斯、古巴、南非、土耳其等地。

磁铁矿(Magnetite)　$Fe^{2+}Fe_2^{3+}O_4$

等轴晶系。因为它具有磁性，中国古代又称为慈石、磁石、玄石。完好单晶形呈八面体或菱形十二面体。呈菱形十二面体时，菱形面上常有平行该晶面长对角线方向的条纹(图 1-7)。集合体为致密块状或粒状。颜色为铁黑色，条痕呈黑色，半金属光泽，不透明；无解理，摩氏硬度 5.5～6，相对密度 4.8～5.3。具强磁性，是矿物中磁性最强的，能被永久磁铁吸引，中国古代的指南针“司南”就是利用这一特性制成的。

鉴定特征：具强磁性、黑色条痕可与相似矿物区别。

分布广，有多种成因。岩浆成因矿床以瑞典基鲁纳为典型；火山作用有关的矿浆直接形

图 1-7 磁铁矿的晶形及晶面条纹

成的以智利拉克铁矿为典型；接触变质形成的铁矿以中国大冶铁矿为典型；含铁沉积岩层经区域变质作用形成的铁矿，品位低规模大，俄罗斯、北美、巴西、澳大利亚和中国辽宁鞍山等地都有大量产出。磁铁矿是炼铁的主要矿物原料，也是传统的中药材。

铝土矿(Bauxite)

铝土矿并不是矿物种的名称，其中包括硬水铝矿[α - AlO(OH)]、一水软铝矿[AlO(OH)]和三水铝矿[$Al(OH)_3$]三种矿物以及其他矿物(高岭石、蛋白石、赤铁矿等)的细分散机械混合物。除含 Al 和 Fe、Mn、Si 等之外，还含有 Ga、Nb、Ta、Ti、Ar 等元素。形态多呈豆状、鲕状、土状集合体和结核体，有的呈致密块状。常为灰色，由于胶结物不同，颜色变化很大，灰白、灰褐、棕红、黑灰色等。条痕为白色；土状光泽；具次贝壳状断口；呵气之后有强烈的土臭味。用水湿润无可塑性。

主要为外生成因。为铝硅酸盐矿物风化分解形成。铝土矿是生产金属铝的最佳原料，也是做耐火材料、研磨材料、化学制品及高铝水泥的原料。

鉴定特征：加 HCl 不起泡可与石灰岩区别。硬度、相对密度较大可与页岩及粘土岩区别。欲准确鉴定组成的矿物就需进行差热分析、X 射线分析等。

褐铁矿(Limonite)

通常是针铁矿、水针铁矿的统称。因为这些矿物颗粒细小，难于区分，故统称为“褐铁矿”。由于它属于含铁矿物的风化产物($Fe_2O_3 \cdot nH_2O$)，成分不纯，水的含量变化也很大。通常呈黄褐至褐黑色，条痕为黄褐色，半金属光泽，块状、钟乳状、葡萄状、疏松多孔状或粉末状，也常呈结核状或黄铁矿晶形的假像出现。硬度随矿物形态而异，无磁性。

褐铁矿是氧化条件下极为普遍的次生物质，在硫化矿床氧化带中常构成红色的“铁帽”，可作为找矿的标志。褐铁矿的含铁量虽低于磁铁矿和赤铁矿，但因它较疏松，易于冶炼，所以也是重要的铁矿石。

鉴定特征：根据形态、颜色、条痕色及在试管中加热产生水与赤铁矿、磁铁矿区别。

世界著名矿产地是法国的洛林、德国的巴伐利亚以及瑞典等地。

硬锰矿(Psilomelane)

硬锰矿是钡和锰的氧化物，它有自己独特的成分、结构和物理性质，但在自然界的分布并不广泛。通常所谓的广义硬锰矿不是一个矿物种，是一种细分散多种矿物的集合体，在成分上含有多种元素的锰的氧化物和氢氧化物。化学式一般以 $mMnO \cdot MnO_2 \cdot nH_2O$ 表示，含锰 35%～60%，常有 BaO、K_2O、CaO 等混入物。晶体少见，形态通常呈葡萄状、肾状、皮壳状、钟乳状、土状或致密块状等。黑色，条痕褐色或黑色，不透明，半金属光泽，土状集合体呈土状光泽；硬度 4～6；相对密度 4.4～4.7。

硬锰矿为表生矿物，为含锰的碳酸盐或硅酸盐的风化产物，也可形成于海相、湖相沉积层中，以团块状或结核状出现。是提取锰的重要的矿石矿物。

鉴定特征：根据形态、颜色、硬度及加 H_2O_2 剧烈起泡可与类似的黑色矿物相区别。

世界范围广泛分布，重要的产地有德国、法国和印度等地。

萤石(Fluorite)　CaF_2

等轴晶系。晶体常呈立方体、八面体或立方体的穿插双晶(图 1-8)，集合体呈粒状或块状。浅绿、浅紫或无色透明，有时为玫瑰红色，条痕白色，玻璃光泽，透明至不透明；八面体解理完全;摩氏硬度4,相对密度3.18。在紫外线、阴极射线照射下或加热时发出蓝色或紫色萤光,因此而得名。

萤石主要产于中、低温热液矿脉中。无色透明的萤石晶体产于花岗伟晶岩或萤石脉的晶洞中。萤石在冶金工业上可用做助熔剂,在化学工业上是制造氢氟酸的原料。

鉴定特征:根据形态、颜色、解理、硬度及发光性,可与方解石、重晶石、石英等相区别。

世界主要产地有南非、墨西哥、蒙古国、俄罗斯、美国、泰国、西班牙等地。中国是世界上萤石矿产最多的国家之一,主要产于浙江、湖南、福建等地。

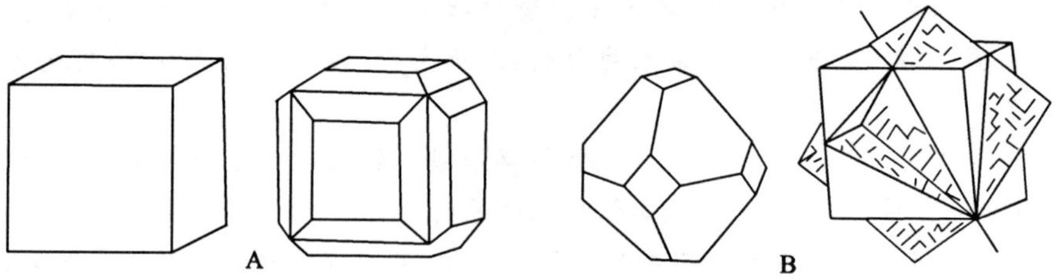

图1-8 萤石的单体晶形(A)及双晶(B)

石盐(Halite) NaCl

等轴晶系。单晶体呈立方体,在立方体晶面上常有阶梯状凹陷,集合体常呈粒状或块状。纯净的石盐无色透明,含杂质时呈浅灰、黄、红、黑色等,玻璃光泽;3组立方体解理完全;摩氏硬度2.5,相对密度2.17。易溶于水,味咸。

石盐是典型的化学沉积成因的矿物。在盐湖或泻湖中与钾石盐和石膏共生。石盐可作为食品调料和防腐剂,是重要的化工原料。

鉴定特征:立方体晶体,易溶于水,味咸。

世界著名产地有美国东北部的萨莱纳盆地、中部的二叠纪盆地和墨西哥湾沿海地区,中亚费尔干纳盆地,德国的萨克森、安哈尔特等。中国石盐储量丰富,分布很广,以柴达木盆地最为著名,四川、湖北、江西、江苏也都有大规模的石盐矿床。

实习三　含氧盐(一)

一、目的与要求

(1) 观察描述常见含氧盐矿物的形态和物理性质。

(2) 掌握常见含氧盐矿物的鉴定特征。

(3) 了解这些矿物的成因及其主要用途。

二、实习用品

放大镜、小刀、H 铅笔、瓷板、氢氧化钾试液、硝酸试液、钼酸铵试剂。

三、内容

硅酸盐:橄榄石、红柱石、蓝晶石、石榴石、黄玉、绿帘石、绿柱石、电气石、普通辉石、普通角闪石、蛇纹石、高岭石

四、注意事项

(1) 逐一观察上述矿物标本的形态、物理性质,总结其鉴定特征。

(2) 部分易混淆矿物之间的区别特征如下:绿帘石与橄榄石(表 1－7);普通辉石与普通角闪石(表 1－8);电气石与角闪石(表 1－9)。

表 1－7　绿帘石与橄榄石

区别特征＼矿物	绿帘石	橄榄石
形态	柱状,晶面常具纵纹	短柱状,多呈粒状集合体
光泽	晶面、解理面均为玻璃光泽	晶面玻璃光泽,断口油脂光泽
解理与断口	一组完全解理	中等解理,断口较常见

表 1－8　普通辉石与普通角闪石

区别特征＼矿物	普通辉石	普通角闪石
形态	短柱状,横断面为近正方形的八边形	长柱状,横断面为近菱形的六边形
颜色	绿黑色,黑色	深绿色,绿黑色
解理	两组完全解理,夹角 87°或 93°	两组完全相同,夹角 124°或 56°

表 1－9　电气石与角闪石

区别特征＼矿物	电气石	角闪石
单体形态	柱状，晶面具纵纹；横断面为球面三角形	柱状，横断面为近菱形的六边形
解理	无	两组完全解理
摩氏硬度	7～7.5	5～6

五、作业

（1）记录对上述矿物的观察内容。

（2）怎样区别普通辉石、普通角闪石与电气石？

教学参考资料

橄榄石(Olivine)　$R_2[SiO_4]$

正交（或斜方）晶系的一族岛状结构硅酸盐矿物的总称，因常呈橄榄绿色而得名。化学式中的 R 主要为二价阳离子镁、铁、锰。其中偏于富镁的镁铁橄榄石最常见，一般称为橄榄石。晶体为短柱状（图 1－9），多呈粒状集合体。随 Fe 含量增多，可由浅黄绿色至深绿色，玻璃光泽，透明至半透明。解理中等或不完全，常具贝壳状断口，性脆。摩氏硬度 6～7，相对密度 3.3～4.4。

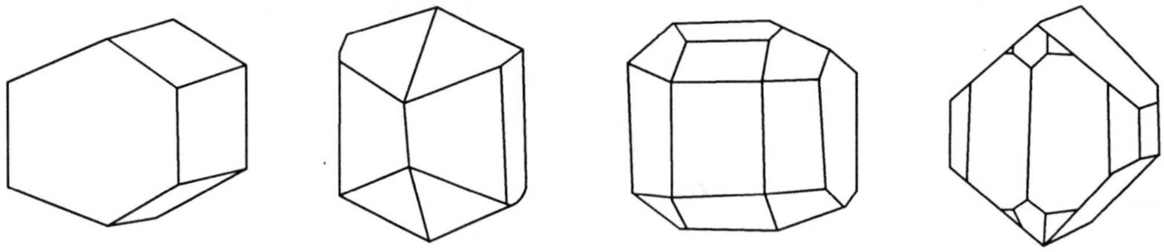

图 1－9　橄榄石的晶形

橄榄石是组成上地幔的主要矿物，也是陨石和月岩的主要矿物成分。常见于基性和超基性火成岩中，镁橄榄石还可产于镁矽卡岩中。橄榄石受热液作用蚀变成蛇纹石。透明色美的橄榄石可作宝石。

鉴定特征：粒状，橄榄绿色，贝壳状断口，难熔。

世界优质橄榄石的著名产地有红海中埃及圣约翰岛、意大利维苏威火山、挪威斯纳鲁姆、德国艾费尔地区、美国的亚利桑那州和新墨西哥州等。中国河北张家口汉诺坝玄武岩包体中也有宝石级的橄榄石。

红柱石(Andalusite)　$Al_2[SiO_4]O$

正交（或斜方）晶系的岛状结构硅酸盐矿物。通常晶体呈柱状，横断面接近四方形。集合体呈放射状或粒状。粉红色、红褐色或灰白色，玻璃光泽；柱面解理中等；摩氏硬度 6.5～7.5，相对密度 3.15～3.16。红柱石在生长过程中俘获部分碳质和粘土矿物，在晶体内部定向排列，在横断面上呈“十”字形，俗称空晶石。

红柱石常见于泥质岩和侵入岩的接触变质带中。是高级的耐火材料，菊花石是美丽的观赏石。

鉴定特征：根据柱状晶形、横切面近正方形、菊花状集合体形态可与其相似的矿物区别。

世界著名产地有西班牙的安达卢西亚、奥地利的蒂罗尔州、巴西的米纳斯吉拉斯等。中国北京西山盛产放射状的红柱石。

蓝晶石(Kyanite)　$Al_2[SiO_4]O$

三斜晶系。与红柱石、矽线石成同质多像。晶体呈扁平的板条状，有时呈放射状集合体。蓝色、蓝白色、青色；具完全和中等的两组解理；硬度有明显的异向性，平行晶体伸长方向摩氏硬度为 4.5，垂直方向为 6，故又名二硬石。相对密度 3.53～3.65。

区域变质作用产物，在结晶片岩和片麻岩中出现。是高级耐火材料，也可提取铝，色丽透明晶体可作宝石，以深蓝色为佳。

鉴定特征：根据蓝色、扁平柱状晶形，明显的异向性硬度和产于结晶片岩中易于识别。

美国北卡罗来纳州产有深蓝、绿色的宝石级蓝晶石，瑞士、奥地利也是知名产地。

石榴石(Garnet)　$A_3B_2[SiO_4]_3$

等轴晶系的一族岛状结构硅酸盐矿物的总称。化学式中 A 代表二价阳离子，主要有镁、铁、锰和钙等；B 代表三价阳离子，主要有铝、铁、铬、钛等。石榴石按成分特征通常分为铝系和钙系两个系列。铝系矿物成员有：紫红色、玫瑰红色镁铝榴石；红褐色、橙红色铁铝榴石；深红色锰铝榴石。钙系矿物成员有：黄褐色、黄绿色钙铝榴石；棕、黄绿色钙铁榴石；鲜绿色钙铬榴石。石榴石晶形好，常呈菱形十二面体、四角三八面体或两者的聚形体(图 1－10)，集合体呈致密块状或粒状。颜色变化大，玻璃光泽至金刚光泽，断口为油脂光泽，半透明；无解理，断口参差状，摩氏硬度 6.5～7.5，相对密度 3.32～4.19，性脆。

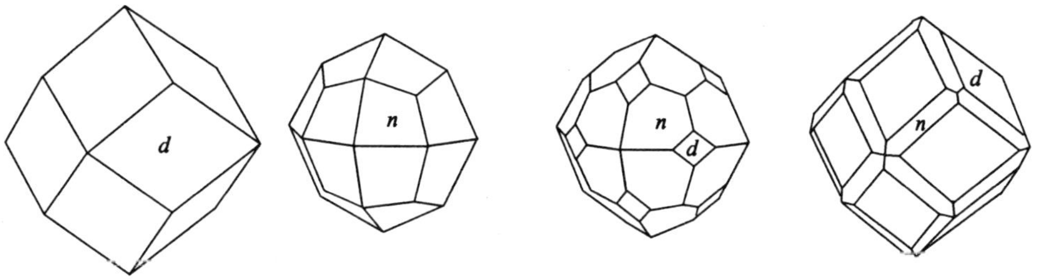

图 1－10　石榴石的晶形

石榴石在自然界分布广泛。镁铝榴石主要产于基性岩和超基性岩中，铁铝榴石常见于片岩和片麻岩中，钙铝榴石和钙铁榴石是矽卡岩的主要矿物，钙铬榴石产于超基性岩中。石榴石主要做研磨材料，色彩鲜艳透明者可做宝石，俗称子牙乌。

鉴定特征：晶体呈菱形十二面体、四角三八面体或二者聚形，无解理，硬度较大，相对密度大。

黄玉(Topaz)　$Al_2[SiO_4][F,OH]_2$

正交(或斜方)晶系的岛状结构硅酸盐矿物。晶体通常呈短柱状,柱面有纵纹,多呈粒状或块状集合体。无色或黄、蓝、红等色,玻璃光泽,透明至不透明;一组与柱面垂直的完全解理,摩氏硬度8,相对密度3.4～3.6。

黄玉是典型的气成热液矿物,产于花岗伟晶岩、酸性火山岩的晶洞、云英岩和高温热液钨锡石英脉中。黄玉可做轴承及研磨材料,质佳者可作为贵重宝石。

鉴定特征:短柱状晶形、横断面为菱形、柱面有纵纹、解理及硬度可与石英区别。

世界著名产地有巴西、俄罗斯的乌拉尔和巴基斯坦的卡特朗。中国内蒙古和江西等地出产黄玉。

绿帘石(Epidote)　$Cu_2FeAl_2[SiO_4][Si_2O_7]O(OH)$

单斜晶系。常含Mn、Mg、Na、K等呈类质同像替换元素。绿帘石与斜黝帘石可形成完全类质同像系列。晶体常呈柱状;灰、黄、黄绿、绿褐或近于黑色,颜色随铁含量增高而变深,少量Mn的类质同象代替使颜色显不同色调的粉红色,玻璃光泽,透明;一组解理完全,一组解理不完全;硬度6,相对密度3.38～3.49。

热液蚀变矿物,形成于矽卡岩及受热液改造的岩浆岩与沉积岩中。粒大质好者可作为玉石原料。

鉴定特征:柱状、板状或针状晶形,柱面上有纵纹;特征的黄绿色,玻璃光泽,透明;两组解理。

主要产地有美国、墨西哥、瑞士、奥地利、巴基斯坦以及法国等地。

绿柱石(Beryl)　$Be_3Al_2[Si_6O_{18}]$

六方晶系的环状结构硅酸盐矿物。晶体常呈六方柱(图1-11),柱面上有纵纹,集合体有时呈晶簇或针状,有时可形成伟晶(长可达5m,重达18t)。多为浅绿色,成分中富含铯呈粉红色,称为玫瑰绿柱石;含铬呈鲜艳的翠绿色,称为祖母绿;含二价铁呈淡蓝色,称为海蓝宝石;含三价铁呈黄色,称为黄绿宝石。玻璃光泽;解理不完全;摩氏硬度7.5～8,相对密度2.6～2.9。

绿柱石主要产于花岗伟晶岩中,云英岩及高温热液脉中也有产出。绿柱石是炼铍的主要矿物原料,色泽美丽者是珍贵的宝石,如祖母绿、海蓝宝石。

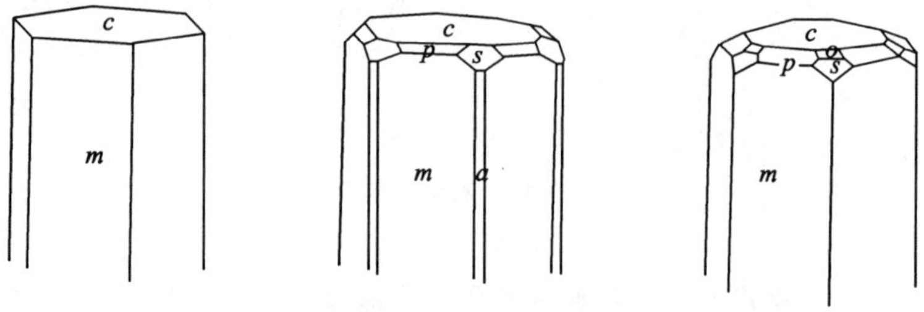

图1-11　绿柱石的晶形

鉴定特征:六方柱状晶体,柱面常有细纵纹,玻璃光泽,硬度大。

主要产于欧洲的奥地利、德国、爱尔兰;非洲的马达加斯加;亚洲的乌拉尔山和中国的西北部。

电气石(Tourmaline)　$(Na,Ca)(R)_3Al_6[Si_6O_{18}][BO_3]_3(OH,F)_4$

三方晶系的一族环状结构硅酸盐矿物的总称。式中 R 代表金属阳离子，当 R 为 Mg^{2+}、Fe^{2+} 或($Li^{+}+Al^{3+}$)时，分别构成镁电气石、黑电气石和锂电气石三个端员矿物种。电气石晶体呈近三角形的柱状(图 1-12)，两端晶形不同，柱面具纵纹，常呈柱状、针状、放射状和块状集合体。颜色多变，富铁者为黑色，富锂、锰、铯者为玫瑰色或深蓝色，富镁者呈褐色或黄色，富铬者为深绿色；玻璃光泽，断口松脂光泽，半透明至透明；无解理；摩氏硬度 7～7.5，相对密度 2.98～3.20。具压电性。

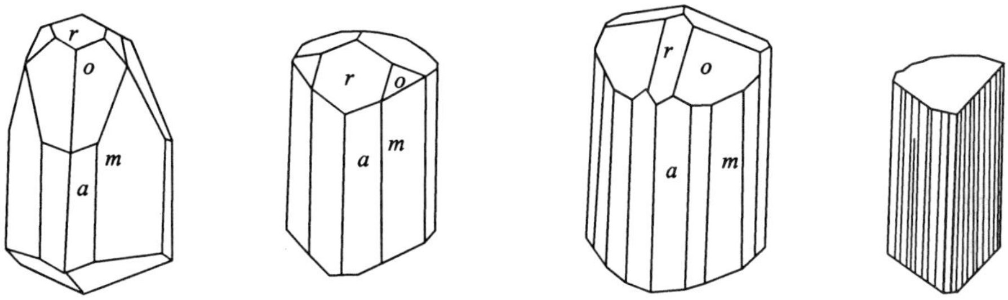

图 1-12　电气石晶形及晶面纵纹

电气石多与气成作用有关，一般产于花岗岩、花岗伟晶岩和高温石英脉中，也可产于交代作用形成的变质岩中。具压电性的晶体可用于无线电工业，色泽鲜艳者可作宝石，在中国称为碧玺。

鉴定特征：柱状晶形、柱面纵纹、横断面呈球面三角形、无解理、高硬度。

中国新疆、内蒙、广西、云南均产电气石，世界上主要产地有：斯里兰卡、阿富汗、俄国的西伯利亚、巴西以及非洲等。

普通辉石(Augite)　$Ca(Mg,Fe^{2+}Fe^{3+}Ti,Al)[(Si,Al)_2O_6]$

单斜晶系的单链状结构硅酸盐矿物。短柱状，横断面近八边体(图 1-13)，集合体常为粒状、放射状或块状。绿黑至黑色，条痕无色至浅灰绿色，玻璃光泽，近乎不透明；两组柱面中等解理，相交近直角(87°或 93°)；摩氏硬度 5～6，相对密度 3.23～3.52。

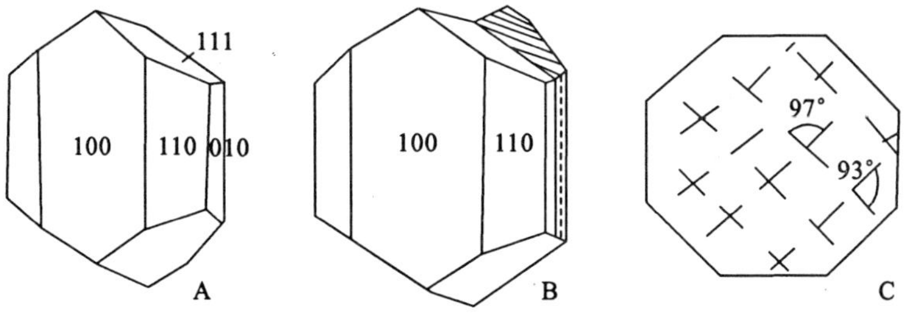

图 1-13　普通辉石的晶形(A)、双晶(B)及横截面形状和解理(C)

普通辉石是火成岩，尤其是基性岩、超基性岩中很常见的一种矿物，在月岩中也很丰富，变质岩中偶有出现。

鉴定特征：绿黑色，八边形短柱状晶体，两组解理交角近直角与普通角闪石相区别。

普通角闪石(Hornblende)　$Ca_2Na(Mg,Fe)_4(Al,Fe)[(Si,Al)_4O_{11}]_2(OH,F)_2$

单斜晶系的双链状结构硅酸盐矿物。晶体呈长柱状，横断面近菱形(图 1－14)，集合体常呈粒状、针状或纤维状。绿黑至黑色，条痕浅灰绿色，玻璃光泽，近乎不透明；两组柱面解理完全，交角为 124°或 56°；摩氏硬度 5～6，相对密度 3.1～3.4。

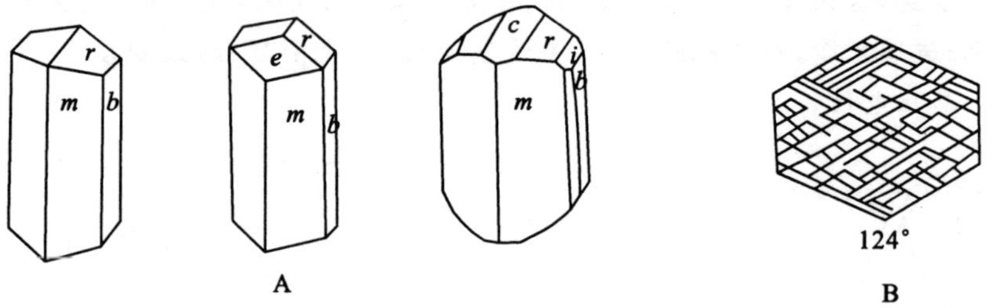

图 1－14　普通角闪石的晶形(A)、横截面形状及解理(B)

鉴定特征：以长柱状晶体、菱形横断面以及 124°或 56°的解理夹角与普通辉石区别。

普通角闪石是火成岩和变质岩的主要造岩矿物，常产于中、酸性侵入岩和喷出岩及角闪岩相的变质岩中。普通角闪石可做铸石原料中的配料。

蛇纹石(Serpentine)　$Mg_6[Si_4O_{10}](OH)_8$

一族层状结构的硅酸盐矿物的总称。单体少见，多呈致密块状、层状或纤维状集合体。具有各种色调的绿色、浅黄色，常呈似蛇皮的绿黑相间的花纹，故称蛇纹石；条痕白色，块状蛇纹石呈油脂光泽或蜡状光泽，纤维状蛇纹石石棉具丝绢光泽；摩氏硬度 2.5～3.5，相对密度 2.5～2.65；稍具滑感。

蛇纹石主要是超基性岩或镁质碳酸岩中的富镁的矿物经热液交代变质而成。蛇纹石可作为耐火材料和生产钙镁磷肥的原料。绿色不透明者称岫玉，因辽宁岫岩县出产而得名，是著名的玉石。

鉴定特征：根据颜色、光泽、硬度可与滑石区别

高岭石(Kaolinite)　$Al_4[Si_4O_{11}](OH)_8$

三斜晶系的层状结构硅酸盐矿物。多呈隐晶质、分散粉末状、疏松块状集合体。白或浅灰、浅绿、浅黄、浅红等颜色，条痕白色，土状光泽。摩氏硬度 2～2.5，相对密度 2.6～2.63。吸水性强，加水具有可塑性，粘舌，干土块具粗糙感。明末，在景德镇高岭村开采此矿，命名为高岭土，后经德国地质学家李希霍芬按高岭土之音译成“Kaolin”介绍到世界矿物学界。

高岭石是组成高岭土的主要矿物，常见于岩浆岩和变质岩的风化壳中。是陶瓷的主要原料，在其他工业中也有广泛使用。

鉴定特征：易于捏碎成粉末、粘舌、加水具可塑性为特征。

世界著名产地有英国的康沃尔半岛和德文郡、法国的伊里埃、美国的佐治亚州等。中国高岭石的著名产地有江西景德镇、江苏苏州、河北唐山、湖南醴陵等。

实习四　含氧盐(二)

一、目的与要求

(1) 观察描述常见含氧盐矿物的形态和物理性质。

(2) 总结常见含氧盐矿物的鉴定特征。

(3) 了解这些矿物的成因意义及其主要用途。

二、实习用品

放大镜、小刀、H 铅笔、瓷板、氢氧化钾试液、硝酸试液、钼酸铵试剂。

三、内容

(1) 硅酸盐:白云母、黑云母、绿泥石、正长石、斜长石。

(2) 碳酸盐:方解石、白云石、孔雀石。

(3) 硫酸盐:重晶石、石膏。

(4) 磷酸盐:磷灰石、绿松石。

(5) 钨酸盐:黑钨矿。

四、注意事项

(1) 逐一观察上述矿物标本的形态、物理性质,总结其鉴定特征。

(2) 部分易混淆矿物之间的区别特征如下:石英与斜长石(表 1-10);方解石与白云石(表 1-11);绿帘石与绿泥石(表 1-12);正长石与斜长石(表 1-13)。

表 1-10　石英与斜长石

区别特征＼矿物	石英	斜长石
形态	柱状或不规则粒状	板状,板柱状。常发育聚片双晶
颜色	无色透明,或烟灰色、乳白色	白色为主
光泽	晶面玻璃光泽,断口油脂光泽	玻璃光泽
解理与断口	无解理,具贝壳状断口	两组完全解理

表 1-11　方解石与白云石

区别特征＼矿物	方解石	白云石
晶面、解理面形态	平整	常弯曲成马鞍形
摩氏硬度	3	3.5～4
稀盐酸反映程度	剧烈起泡	反应缓慢,粉末加稀盐酸起泡

表 1-12　绿帘石与绿泥石

矿物 区别特征	绿帘石	绿泥石
形态	单体短柱状，晶面常有纵纹，粒块集合体	单体板状或片状，常为鳞片状集合体
解理	一组完全解理	一组极完全解理
摩氏硬度	6.5	2～2.5

表 1-13　正长石与斜长石

矿物 区别特征	正长石	斜长石
形态	短柱状，厚板状，常发育卡氏双晶	板状，板柱状。常发育聚片双晶
颜色	常为肉红色	白色，灰白色
解理	一组完全解理，一组解理中等，夹角 90°	两组完全解理，夹角 94°或 86°

五、作业

(1) 记录对上述矿物的观察内容。

(2) 如何用简单快捷的方法区分下列各组矿物：萤石、重晶石、方解石、蓝晶石、石膏；高岭石、铝土矿；绿泥石、橄榄石、绿柱石、蛇纹石。

教学参考资料

白云母(Muscovite)　$KAl_2[(Si_3Al)O_{10}](OH)_2$

单斜晶系。晶体通常呈板状或片状，外形呈假六方形或菱形；柱面有明显的横条纹；常见双晶，多依云母律生成接触双晶或穿插三连晶。浅黄、浅绿、浅红或红褐色，透明至半透明，玻璃光泽，解理面上现珍珠光泽；解理极完全，底面摩氏硬度为 2～3，柱面摩氏硬度 4；相对密度 2.76～3.10；薄片具显著的弹性；绝缘性和隔热性强。

白云母主要出现于酸性岩浆岩中；此外，还常出现于云英岩、片岩和片麻岩中。由于白云母具有高度的绝缘性、耐热性、抗酸碱性、机械强度和弹性等，成为现代技术，特别是电气、无线电和航空空间技术不可缺少的电绝缘材料。

鉴定特征：易裂成薄片并具弹性、浅色易与其他矿物相区别。

黑云母(Biotite)　$K\{(Mg,Fe)_3[AlSi_3O_{10}](OH)_2\}$

单斜晶系。成分不稳定，类质同象广泛，尤其 Mg、Fe 之间完全类质同象。一般 Mg∶Fe＜2，当 Mg∶Fe＞2 时称金云母；含铁量特高者为铁黑云母。混入物有 Na、Ca、Rb、Cs、Ba 等。晶体呈假六方板状或锥形短柱状；集合体呈片状或鳞片状。颜色为黑色、深褐色，有时带浅红、浅绿或其他色调，含钛高的呈浅红褐色，富含高价铁则呈绿色；透明至不透明，玻璃光泽，黑色则呈半金属光泽；摩氏硬度 2～3，相对密度 3.02～3.12。

在深成岩和浅成岩中，特别是酸性或偏碱性的岩石中大都含有黑云母。被广泛应用在装饰涂料中。

鉴定特征：根据颜色可与白云母区别。

绿泥石(Chlorite)　$(Mg,Fe,Al)_6[(Si,Al)_4O_{10}](OH)_8$

单斜晶系。化学成分复杂，类质同象替代广泛。晶体呈假六方片状或板状，薄片具挠性。集合体呈鳞片状、土状。浅绿至深绿色，玻璃光泽或珍珠光泽，透明至不透明；一向完全解理。摩氏硬度 2～2.5，相对密度 2.6～3.3。

鉴定特征：据颜色、形态、挠性及低硬度可与相似矿物云母相区别。

富含镁的绿泥石常产于低级区域变质形成绿泥石片岩和低温热液蚀变的围岩中；富铁绿泥石产于沉积铁矿中，在贫氧富铁的浅-滨海环境可形成巨大的鲕绿泥石矿体。

正长石(Orthoclase)　$K[AlSi_3O_8]$

单斜晶系。正长石是钾长石的亚稳相变体，钾长石和钠长石不完全类质同象系列。短柱状或厚板状晶体，常见卡氏双晶，集合体为致密块状(图 1－15)。肉红或浅黄、浅黄白色，玻璃光泽，解理面珍珠光泽，半透明。两组解理(一组完全、一组中等)相交成 90°，由此得正长石之名。摩氏硬度 6，相对密度 2.56～2.58。900℃以上生成的无色透明长石称透长石。

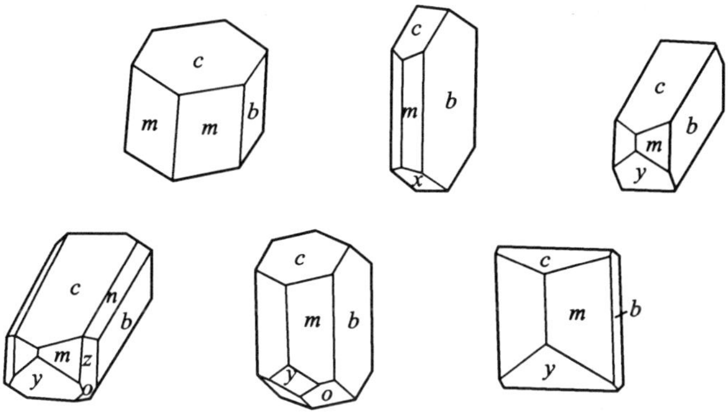

图 1－15　正长石的晶形

鉴定特征：正长石以其晶形、双晶、硬度、解理及颜色作为重要的鉴别标志。正长石以其表面易风化(不干净)、有两组完全解理、晶形及双晶等特征与石英区别；以其具两组完全解理与霞石区别。以其解理夹角和颜色区别于斜长石。

正长石广泛分布于酸性和碱性成分的岩浆岩、火山碎屑岩中，在钾长片麻岩和花岗混合岩以及长石砂岩和硬砂岩中也有分布。正长石是陶瓷业和玻璃业的主要原料，也可用于制取钾肥。

斜长石(Plagioclase)　$Na_{1-x}Ca_x[AlSi_2O_8]x=0\sim1$

三斜晶系架状结构硅酸盐矿物，属于 $Na[AlSi_2O_8]-Ca[AlSi_2O_8]$的连续类质同象系列的长石矿物的总称。晶体多为柱状或板状，常见聚片双晶，在晶面或解理面上可见细而平行的双晶纹(图 1－16)。白至灰白色，有些呈微浅蓝或浅绿色，玻璃光泽，半透明。两组解理(一组完全、一组中等)相交成 86°24′，故得名斜长石。摩氏硬度 6～6.5，相对密度 2.6～2.76。

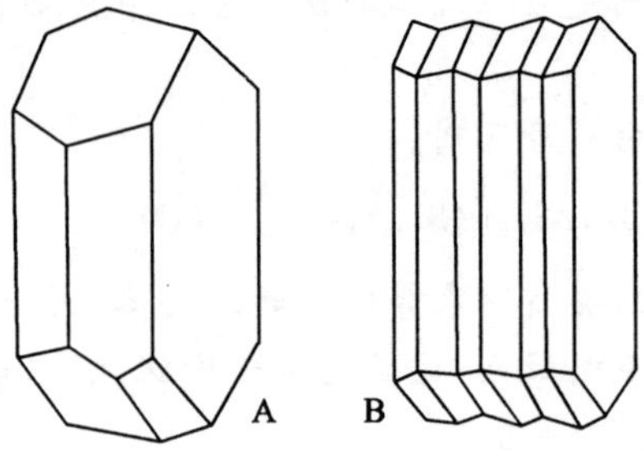

图 1－16 斜长石晶形(A)及聚片双晶(B).

斜长石广泛分布于岩浆岩、变质岩和沉积碎屑岩中。斜长石是陶瓷业和玻璃业的主要原料，色泽美丽者可作宝玉石材料，如日光石。

方解石(Calcite) Ca[CO_3]

三方晶系的碳酸盐矿物。晶体常为复三方偏三角面体或菱面体与六面体的聚形，集合体多呈粒状、块状、钟乳状、鲕状、纤维状及晶簇状等(图 1－17)。通常为无色、乳白色，含杂质则染成各种颜色，有时具晕色，其中无色透明的晶体称冰洲石，玻璃光泽。摩氏硬度 3，相对密度 2.6～2.9，三组完全菱面体解理，故名方解石，性脆。遇冷稀盐酸剧烈起泡，放出 CO_2。

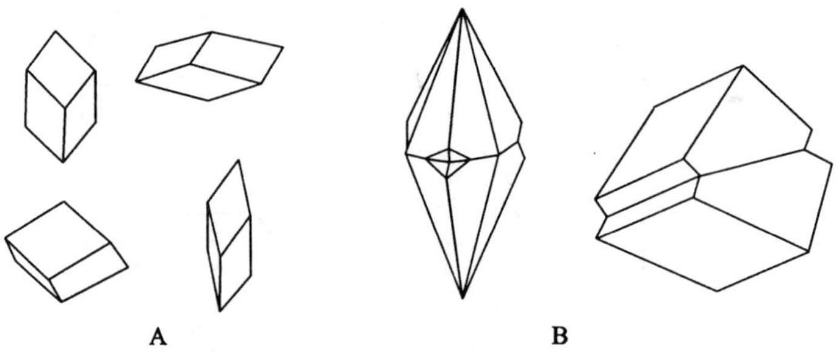

图 1－17 方解石常见晶体形态(A)及双晶(B)

鉴定特征：菱面体完全解理，硬度不大，加稀盐酸剧烈起泡。

方解石是分布最广的矿物之一，是组成石灰岩和大理岩的主要成分。在石灰岩地区，溶解在溶液中的重碳酸钙在适宜的条件下沉淀出方解石，形成千姿百态的钟乳石、石笋、石幔、石柱等自然景观。方解石在冶金工业上用做熔剂，在建筑工业方面用来生产水泥、石灰。冰洲石是制作偏光棱镜的高级材料。

白云石(Dolomite) CaMg[CO_3]$_2$

三方晶系的碳酸盐矿物。晶体结构与方解石类似，晶形为菱面体，晶面常弯曲成马鞍状，常见聚片双晶，多呈块状、粒状集合体。纯白云石为白色，因含其他元素和杂质有时呈灰绿、灰黄、粉红等色，玻璃光泽。三组菱面体解理完全，性脆。摩氏硬度 3.5～4，相对密度 2.8～2.9。矿物粉末在冷稀盐酸中反应缓慢。

鉴定特征：晶面(或解理面)弯曲的马鞍形，硬度稍大，在冷稀盐酸中反应缓慢等特征，可与相似的方解石相区别。

白云石主要形成于外生海相沉积盆地中；也可形成于热液交代环境中；可见于岩浆成因的碳酸岩中；也可见于区域变质或接触变质形成的大理岩中。白云石可用作冶金熔剂、耐火材料、建筑材料和玻璃、陶瓷的配料。

孔雀石(Malachite)　$Cu_2[CO_3](OH)_2$

单斜晶系的碳酸盐矿物。因颜色类似蓝孔雀羽毛的颜色而得名。晶体为柱状、针状或纤维状，通常呈钟乳状、肾状、被膜状或土状集合体。呈绿色，玻璃光泽，半透明。摩氏硬度3.5～4，相对密度4～4.5。遇盐酸起泡。

产于铜矿床氧化带中，是含铜硫化物氧化的次生产物，常与蓝铜矿、赤铜矿、褐铁矿等共生，可用作寻找原生铜矿的标志。孔雀石可用于炼铜，质纯色美者可作为装饰品及工艺品原料，其粉末可作为绿色颜料。

鉴定特征：鲜艳的颜色，特征的形态，加HCl后立即起泡，易与其他矿物区别。

俄罗斯乌拉尔、中国海南岛石碌等地盛产孔雀石。

重晶石(Barite)　$Ba[SO_4]$

斜方晶系的硫酸盐矿物。常呈厚板状或柱状晶体，多为致密块状或板状、粒状集合体。质纯时无色透明，含杂质时被染成各种颜色，条痕白色，玻璃光泽，透明至半透明。三组解理完全，夹角等于或近于90°。摩氏硬度3～3.5，相对密度4.3～4.6。

鉴定特征：板状晶体，硬度小，近直角相交的完全解理，密度大，遇盐酸不起泡，并以此与相似的方解石相区别。

重晶石主要形成于中低温热液条件下，中国湖南、广西、青海、新疆等地有巨大的重晶石矿脉。重晶石是提取钡的原料，磨成细粉可作钻探用的泥浆加重剂，又可做各种白色颜料、涂料以及橡胶业、造纸业的填充剂和化学药品等。

石膏(Gypsum)　$Ca[SO_4]\cdot 2H_2O$

单斜晶系的含水硫酸盐矿物。晶体常呈近似菱形的板状，常见燕尾双晶(图1-18)，多为纤维状、粒状、致密块状集合体。玻璃光泽，纤维状者呈丝绢光泽。一组极完全解理，薄片具挠性。摩氏硬度2，相对密度2.3。石膏有多种形态产出：质纯无色透明的晶体称为透石膏；雪白色、不透明的细粒块状称为雪花石膏；纤维状集合体并具丝绢光泽的称为纤维石膏。石膏加热放出水分后，变为熟石膏。

石膏主要由化学沉积作用形成。泻湖盆地中沉积的石膏层，规模巨大，常与硬石膏、石盐、钾石盐等共生。主要用于制水泥、塑造模型及医药等，透石膏晶体用于光学仪器上。

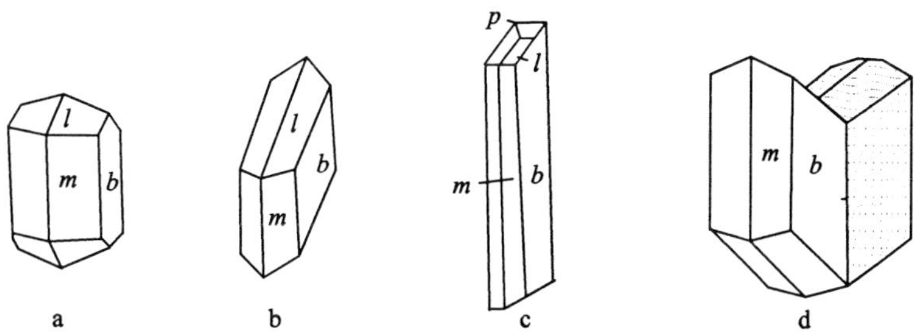

图1-18　石膏的晶形——单晶(a、b、c)及双晶(d)

鉴定特征：硬度低，具一组极完全解理，以及各种特征之形态可以鉴别。致密块状的石膏以其低硬度和加 HCl 不起泡可以与碳酸盐矿物相区别。

中国的石膏矿储量在世界名列前茅，以湖北应城最为著名。

磷灰石（Apatite）　$Ca_5[PO_4]_3(F,OH)$

六方晶系磷酸盐矿物。晶体一般为带锥面的六方柱，集合体呈粒状、块状或结核状等。颜色多样，有白、灰、黄绿、褐、紫等色，玻璃光泽，解理沿底面不完全，性脆，断口不平坦，油脂光泽，透明至不透明。摩氏硬度 5，相对密度 3.18～3.21。加热后可发磷光。将钼酸铵粉末置于磷灰石上，加硝酸，可生成黄色的磷钼酸铵，用以快速试磷。

形成环境广泛，在碱性岩、沉积岩及沉积变质岩中形成规模较大。具有隐晶质或胶状构造的磷灰石称为胶磷矿，为浅海沉积成因；生物化学成因形成的磷矿为动物骨骼或粪便形成的羟磷灰石。是提取磷的原料；晶体透明、颜色漂亮者可作为宝石。

鉴定特征：当晶体较大时，晶形、颜色、硬度可作为鉴定特征。若为分散状态的细小颗粒则需依靠化学鉴定：将钼酸铵粉末置于矿物上，加一滴硝酸，若含磷即产生黄色沉淀。

绿松石（Turquoise）　$Cu(Al,Fe)_6(H_2O)_4[PO_4]_4(OH)_8$

三斜晶系磷酸盐矿物。单晶极少见，常呈隐晶质致密块状、结核状、豆状、葡萄状、瘤状、姜状、皮壳状等集合。颜色呈鲜艳的天蓝、淡蓝、湖蓝、蓝绿、黄绿色及苹果绿等，条痕白色或浅绿色；蜡状光泽；解理完全，摩氏硬度 5～6，相对密度 2.76。

是在表生条件下的含铜水溶液与含氧化铝矿物及含磷矿物（如磷灰石）作用形成。在铜矿床地表带裂隙中沉淀而成。

鉴定特征：以颜色，硬度及光泽为特征。

我国是绿松石的主要产出国之一。湖北郧县、陕西白河、河南淅川、新疆哈密、青海乌兰、安徽马鞍山等地均有绿松石产出。目前世界较大的优质绿松石原石，皆产于湖北省十堰市郧县海拔 1200 多米的云盖山附近。

伊朗、埃及、美国、墨西哥、阿富汗、印度等国均产出绿松石。

黑钨矿（Wolframite）　$(Fe,Mn)WO_4$

单斜晶系钨酸盐矿物。晶体呈厚板状、短柱状，有时呈柱状、毛发状，完好晶体较少见，晶面上常有纵纹；集合体为板状。矿物和条痕颜色均随铁、锰含量而变化，含铁愈多，颜色愈深，一般为褐红色至黑色，条痕黄褐色至黑褐色，金属光泽至半金属光泽，有一组完全的板面解理，摩氏硬度 4～4.5，相对密度 7.2～7.5，一般具有弱磁场。

黑钨矿产于高温热液石英脉中。是炼钨的最主要的矿物原料。

鉴定特征：根据晶形、解理、相对密度、颜色及条痕色，可与镜铁矿、闪锌矿、铬铁矿、磁铁矿等相似矿物相区别。

中国赣南、湘东、粤北一带是世界著名的黑钨矿产区。其他主要产地有俄罗斯（西伯利亚）、缅甸、泰国、澳大利亚、玻利维亚等地。

实习五　陆源碎屑岩及火山碎屑岩

一、目的与要求

(1) 观察陆源碎屑岩和火山碎屑岩的主要岩石类型。

(2) 掌握陆源碎屑岩和火山碎屑岩的描述与命名方法。

(3) 学会鉴定常见的陆源碎屑岩、火山碎屑岩。

二、实习用品

放大镜、小刀、三角板、H 铅笔。

三、内容

(1) 陆源碎屑岩:砾岩、石英砂岩、长石砂岩、岩屑砂岩、粉砂岩、粘土岩、页岩。

(2) 火山碎屑岩:集块岩、火山角砾岩、凝灰岩、熔结凝灰岩。

四、注意事项

(1) 描述砾岩时应注意砾石成分、大小、含量、磨圆度以及胶结物,注意胶结方式。

(2) 砂岩的胶结物主要有硅质、铁质和钙质以及粘土。

(3) 注意石英砂岩、长石砂岩和岩屑砂岩中石英、长石和岩屑的含量。

(4) 注意观察火山碎屑岩中岩屑、玻屑与晶屑三者有何不同? 注意凝灰岩、熔结凝灰岩、流纹岩的区别。

(5) 粘土岩混入物鉴别方法:成分单一、无陆源碎屑混入的粘土岩,刀切面光滑、牙磨无砂感;含粉砂时,刀切面具粗糙感,小刀刻划有沙沙声,牙磨有砂感;含砂粒时肉眼可见砂粒。粘土岩含碳质,色黑且污手,有时可见植物叶片化石;含细分散黄铁矿,色黑但不污手;含沥青质,呈棕色调,质地轻,指甲刻划有油脂光泽。

五、作业

(1) 观察描述(角)砾岩、石英砂岩、长石砂岩、岩屑砂岩、粉砂岩、粘土岩和页岩标本。

(2) 观察描述火山角砾岩、凝灰岩和熔结凝灰岩标本。

(3) 长石砂岩和石英砂岩的形成环境如何? 长石砂岩中长石一定比石英含量高吗? 砾石含量多少才能称砾岩?

(4) 怎样区分火山角砾岩与角砾岩?

教学参考资料

1. 陆源碎屑岩

1)砾(角砾)岩

颜色　描述岩石整体的颜色，若碎屑与填隙物颜色不均匀时，将岩石标本置于距眼睛0.5m或更远处，观察描述其整体颜色；分别描述新鲜面与风化面的颜色。

结构　均为砾(角砾)状结构。可根据砾石的大小、磨圆度作进一步划分，如按照大小可进一步划分为细砾结构(2～5mm)、中砾结构(5～50mm)、粗砾结构(50～250mm)、巨砾结构(>250mm)；按照磨圆度可进一步划分为砾状结构(圆状、次圆状砾石含量大于30%)、角砾状结构(棱角状、次棱角状砾石大于30%)。

构造　砾岩中常见的原生沉积物构造为叠瓦状构造。如果砾石或颜色分布较均匀，可称之为块状构造。

成分　可分砾石成分和填隙物两部分。砾石成分可根据岩石碎屑成分或岩类判断；填隙物成分是指砾石之间的杂基(粘土和粉砂)或胶结物的组成。若填隙物为胶结物，则须进一步判断其化学成分。常见胶结物的化学成分及其识别方法如下：

硅质：矿物成分主要为玉髓和自生石英。一般颜色较浅，硬度大，抗风化能力强。

钙质：矿物成分主要为方解石。硬度较小，加稀盐酸剧烈起泡。

铁质：矿物成分多为赤铁矿(风化后成褐铁矿)。常呈红、黄、紫、褐等色调。

填隙物为杂基，则应确定其支撑类型(颗粒支撑、杂基支撑)；填隙物为胶结物，应确定其胶结类型(基底式胶结、孔隙式胶结)。

分类及命名　砾级碎屑含量超过30%，称为砾岩(或角砾岩)。

①砾石>50%，基质<50%时，命名如下：

按粒度分为细砾岩(2～5mm)、中砾岩(5～50cm)、粗砾岩(50～250cm)、巨砾岩(>250mm)；按砾石成分单成分砾岩(成分单一)、复成分砾岩(成分复杂)；按胶结物分为硅质砾岩、钙质砾岩等。

综合命名：如粗砾硅质燧石岩砾岩、中砾钙质复成分砾岩。

②砾石>30%，基质>50%时，基质应参与命名。

如以砂基为主，则称为砂基砾岩；以泥基为主，称为泥基砾岩；此外还有混基砾岩，如砂-泥质砾岩或泥-砂质砾岩等。

综合命名：如细砾钙质胶结砂质复成分砾岩。

③砾石含量5%～30%时，命名时应在主要岩石名称前加“含砾”二字，如含砾粗砾钙质岩屑砂岩。

描述举例　浅灰色中-细砾复成分砾岩

浅灰色；中-细砾砾状结构；块状构造。砾石成分以白云岩为主，灰白色，粉末加稀盐酸起泡；次为硅质岩，深灰—黑色，致密坚硬。白云岩砾石以次圆状为主，硅质岩砾石以次棱角状为主。砾径最大20mm，最小2mm，以10～15mm为主，大小不均匀，分选中一差。砾石表面具明显的红色氧化圈。砾石含量(体积百分数)约65%，填隙物，浅灰色，加稀盐酸剧烈起泡，为钙质胶结物。胶结类型为基底式，胶结紧密。

附图Ⅰ-1为某种成分(如砾石、矿物或碎屑颗粒)的标准含量图。

2)砂岩

颜色　岩石整体颜色。要注意观察颜色分布是否均匀,主要是由哪部分组分显示出来的,从而确定是继承色、原生色还是次生色。

结构　砂状结构。根据砂粒大小进一步划分为:粗粒结构(2～0.5mm)、中粒结构(0.5～0.25mm)、细粒结构(0.25～0.05mm)。

构造　注意观察描述砂岩中的各种沉积构造[层理构造(图 1-19),层面构造]。

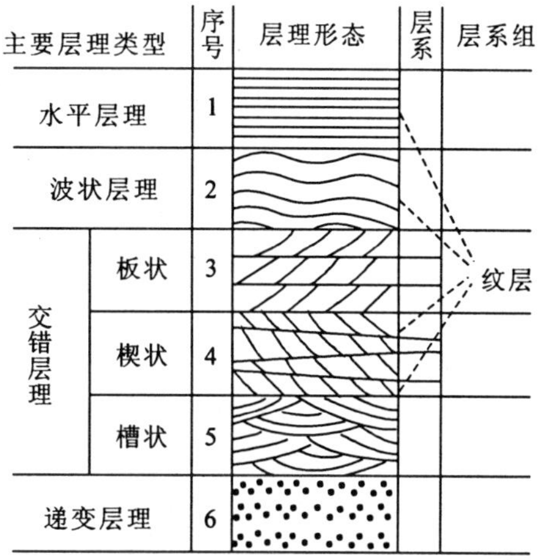

图 1-19　层理类型

成分　分为碎屑成分和填隙物成分。碎屑成分常见的组成砂粒的矿物碎屑是石英、正长石、酸性斜长石和白云母。组成砂粒的岩屑多为颗粒细小或隐晶质的岩石,其岩性的准确鉴定只能在显微镜下进行。常见的岩屑成分有燧石岩、石英岩、板岩、千枚岩、熔结凝灰岩等。在砂粒成分鉴定出来以后,应进一步描述其粒度、分选性、磨圆度,对各成分砂粒的百分含量(体积百分数)做出统计。描述填隙物种类和支撑(或胶结)类型。

分类与命名　可按单因素分类命名或综合命名。

①单因素命名:按颜色分为红色砂岩、绿色砂岩等;按粒度分为细砂岩、中砂岩、粗砂岩等;按胶结物分为钙质砂岩、铁质砂岩等;按杂质含量分为净砂岩和杂砂岩等;按碎屑组成:根据砂粒的成分组成(石英、长石、岩屑的含量百分比)在砂岩三角分类图上投影定出砂岩的基本名。如石英砂岩、长石砂岩等(图 1-20)。

②综合命名:按照研究程度,综合各种单因素,做尽可能全面的命名。一般原则:颜色+粒度+胶结物+碎屑组成+基本名(长石砂岩、石英砂岩、岩屑砂岩等)。如:灰白色中粒钙质长石石英砂岩。

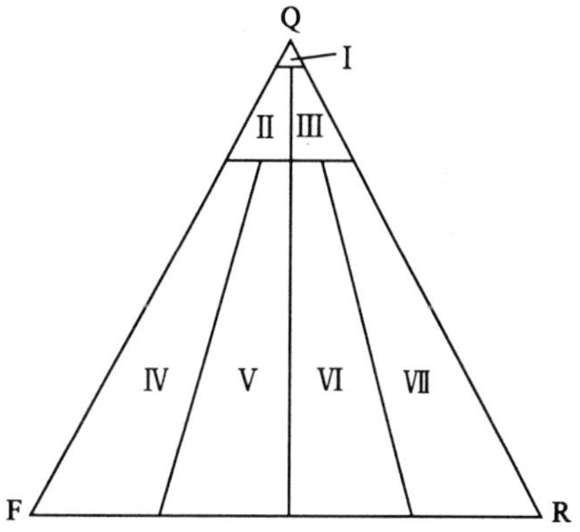

图 1-20　砂岩的分类

Ⅰ.石英砂岩;Ⅱ.长石石英砂岩;Ⅲ.岩屑石英砂岩;Ⅳ.长石砂岩;Ⅴ.岩屑长石砂岩;Ⅵ.长石岩屑砂岩;Ⅶ.岩屑砂岩

描述举例　肉红色中—粗粒长石砂岩

肉红色;中—粗粒砂状结构;块状构造。碎屑成分:石英,无色透明,油脂光泽;粗粒(0.5～2mm);次圆状—次棱角状;含量约 60%。钾长石,肉红色,玻璃光泽,完全解理;中—粗粒(0.25～2mm);含量约 30%;次圆状为主。白云母,白色,鳞片状;少量。填隙物为粘土和铁质,孔隙式胶结,胶结紧密。

3)粉砂岩

粉砂岩与砂岩并无本质差异,仅粒度更细而已。因而砂岩观察、鉴定和描述要点在原则上均适用于粉砂岩,但粒度细也使粉砂岩的观察具有某些特殊性。首先,手标本观察一般难以确定粉砂岩的碎屑组成及含量;粉砂岩常含较多碎屑白云母,它们一般平行层面排列,在合适断面上对着光线可见许多针尖状闪亮细点,这是粉砂岩在碎屑成分上的重要鉴定特征;粉砂有粗细之分，粗粉砂有明显颗粒感，岩石断面比较粗糙。细粉砂更像泥质，但不如泥质细腻；粉砂岩富含泥质，受压力和其他成岩后生作用影响，有时也会出现程度不同的页理。

颜色　岩石整体颜色。要注意观察颜色分布是否均匀，主要是由哪部分组分显示出来的，从而确定是继承色、原生色还是次生包。

结构　粉砂结构。按砂粒进一步分为粗粉砂结构和细粉砂结构。

构造　水平层理、对称波痕等沉积构造较常见。

成分　粉砂岩中碎屑成分以石英、白云母为主，长石、岩屑较少，暗色矿物含量较多。因悬浮搬运，分选较好、磨圆较差（次棱角状、棱角状为主）。

分类及命名　分为单因素命名和综合命名。

①单因素命名：按颜色：如灰白色粉砂岩、紫红色粉砂岩等；按粒度：粗粉砂岩、细粉砂岩；按胶结物：如钙质粉砂岩、铁质粉砂岩等；按泥质含量：粉砂岩（泥质＜5％）、含泥粉砂岩（泥质＝5％～25％）、泥质粉砂岩（泥质＝25％～50％）等；按照碎屑组成：可借助砂岩的三角分类图（图 1－20）。

②综合命名：按照研究程度，综合各种单因素，做尽可能全面的命名。一般原则：颜色＋填隙物成分＋泥质＋碎屑组成＋粒度＋基本名（长石粉砂岩、石英粉砂岩、岩屑粉砂岩等）。如：灰白色钙质长石石英粗粉砂岩。

描述举例　灰绿色泥质粗粉砂岩

风化面土黄色，新鲜面灰绿色；粗粉砂结构；水平层理明显。碎屑成分：石英，无色透明，油脂光泽，含量约 60％；长石，已风化成白色高岭石粉末，含量约 30％；白云母，细小鳞片状，平行层面排列。填隙物以粘土为主，少量铁质。

4）粘土岩

颜色　注意观察新鲜面和风化面、干燥和潮湿颜色的差别。

结构　一般具泥质结构。若含陆源碎屑，根据粘土、粉砂或砂的相对含量确定其结构类型，如含粉砂泥质结构。根据粘土矿物集合体的形态，分为胶状结构、鲕状结构等。

构造　以水平层理、页理最为特征，泥裂、雨痕等也较常见。

成分　以粘土矿物为主，还有少量陆源碎屑矿物和自生非粘土矿物。粘土矿物的类型肉眼难以鉴别；常见的陆源碎屑为粉砂和砂；常见的非粘土矿物有钙质（方解石）、铁质（铁的氧化物和氢氧化物）、硅质（蛋白石、玉髓）、碳质、细分散黄铁矿、沥青质等。

分类及命名　首先根据有无页理构造分出泥岩和页岩两个基本类型，然后根据陆源碎屑或非粘土矿物的种类与含量进一步分类命名。如：粉砂质泥（页）岩，钙质泥（页）岩，油页岩。前面尚可冠以岩石的颜色，如：黄绿色粉砂质泥岩、黑色页岩等。

描述举例　黄绿色含粉砂泥岩

黄绿色，风化面土黄色；粉砂泥质结构；水平层理发育。成分以粘土矿物为主，含少量粉砂（10％～20％），具粗糙感，具弱粘舌性。

2. 火山碎屑岩

指广义的火山碎屑岩。现对广义的火山碎屑岩概述如下：

颜色　火山碎屑岩常具有特殊鲜艳的颜色，如浅红、紫红、嫩绿、淡黄、灰绿等，它是野外鉴别火山碎屑岩的重要标志之一。颜色主要取决于物质成分，中基性火山碎屑岩色深，为暗紫红、墨绿等色；中酸性者色则浅，常为粉红、浅黄等色。其次取决于次生变化，如绿泥石化则显绿色，蒙脱石化则显灰白或浅红色。

结构　按火山碎屑的粒级划分为：集块（>64mm）、火山角砾（64～2mm）、火山灰（2～0.01mm）、火山尘（<0.01mm）。专属性的火山碎屑岩结构有：集块结构（火山集块>50%）、火山角砾结构（火山角砾>70%）、凝灰结构（火山灰>70%）。视碎屑形态特点，尚有塑变碎屑结构（主要由塑变碎屑组成）、碎屑熔岩结构（基质为熔岩结构）、沉凝灰结构（混入正常沉积物），以及凝灰砂状、凝灰粉砂状、凝灰泥状等过渡类型结构。火山碎屑物的分选及粒度都很差，这是由于未经长距离搬运或就地堆积所致。

构造　层理构造（水携或风携火山碎屑沉积）、递变层理（火山碎屑重力流）、斑杂构造（火山碎屑物在颜色、粒度、成分上分布不均，且无排列性）、平行构造（伸长形的火山碎屑物定向排列）、假流纹构造（流纹质熔结凝灰岩），有时还见气孔与杏仁构造、火山泥球及豆石构造等，甚至在某些火山细碎屑岩中可见生物扰动构造及实体化石。

成分　碎屑成分主要包括岩屑、晶屑和玻屑。岩屑的成分较复杂，如早期形成的火山岩、沉积岩等。常见的晶屑有石英、长石（多为无色透明的透长石）。玻屑为隐晶质或玻璃质，一般颜色较深，形状特殊，多呈撕裂状、凹凸棱角状等。填隙物多为细小的火山碎屑（火山灰、火山尘）。

分类及命名　根据碎屑粒度和各粒级组分的相对含量，划分为 3 个基本种属，即集块岩、火山角砾岩和凝灰岩。

3. 几种常见岩石

①石英砂岩：砂岩中石英含量大于 95%，含少量长石和岩屑，重矿物极少，石英磨圆度高，大小均一，分选良好，缺少杂基，胶结物大多为硅质，其次为钙质（$CaCO_3$）和铁质，以接触式胶结为主。砂岩的成分成熟度和结构成熟度均较高。颜色多为灰白色，或略带其他浅色调。波痕、交错层理等沉积构造发育。

②长石砂岩：长石碎屑含量大于 25%，长石的种类多为酸性斜长石和钾长石。一般为粗砂状结构，肉红色至灰色，分选性和磨圆度变化较大，由很好至极差。常含较多的杂基，胶结物多为钙质、硅质、铁质等。当砂粒中含较多量的石英碎屑（石英大于 75%）时，即过渡为长石石英砂岩，或称次长石砂岩。当岩石中含大量杂基时，则属长石杂砂岩。长石砂岩多由长英质母岩，如花岗岩、片麻岩经机械风化，短距离搬运，在山前或山间盆地堆积而成。

③岩屑砂岩：砂岩中岩屑含量大于 25%，长石小于 25%，石英小于 75%，岩屑成分复杂，一般有 3 类：火山岩岩屑，多为隐晶质的熔岩碎屑；低、中级变质岩岩屑，如板岩、千枚岩和云母片岩岩屑；沉积岩岩屑，包括各种页岩、粉砂岩、燧石岩以及灰岩和白云岩岩屑，因此，从岩屑砂岩中岩屑的成分可以推测其母岩的类型。常在山前冲积扇、山间盆地及河流相沉积中产出。主要分布于强烈隆起的山前凹陷区内。

④杂砂岩：又称瓦克岩、硬砂岩，是指杂基含量多（>15%）的砂岩。杂砂岩中的碎屑一般呈棱角状，分选性差，结构成熟度低，属密度流沉积。其特征是暗色、坚硬、固结很好，含有多种岩屑，主要为粉泥质岩屑和低变质岩屑，酸性火山岩岩屑亦常见，石英含量高达 1/3～1/4，长石以钠长石为主，含有绢云母、绿泥石、绿帘石等包裹体。碎屑颗粒呈棱角状，分选性极差。杂砂岩多产于构造运动活跃的沉积盆地复理石建造中。

⑤集块岩：多为杂色，集块结构，块状构造或斑杂构造。由火山弹及熔岩碎块堆积而成，常混入一些火山通道的围岩碎屑，多呈棱角状，由细粒级角砾、岩屑、晶屑及火山灰充填、胶结。

多分布于火山通道附近，构成火山锥或充填于火山通道之中。

⑥火山角砾岩：2～64mm 的火山角砾占 50%以上。多为杂色，火山角砾结构，块状构造。主要由大小不等的熔岩角砾组成，分选差，不具有层理，通常为火山灰充填，并经压实胶结成岩，多分布在火山口附近。

⑦凝灰岩：小于 2mm 的火山碎屑占 70%以上。颜色常见淡紫色；凝灰结构（小于 2mm 的火山碎屑组成的结构），可见假流纹构造、层理构造等。碎屑成分有岩屑、晶屑和玻屑。

⑧熔结凝灰岩：小于 2mm 的火山碎屑含量大于 70%，具熔结凝灰结构，假流纹构造，火山碎屑以晶屑和塑性玻屑为主，填隙物为火山尘。

实习六 内源沉积岩

一、目的与要求

(1) 观察描述内源沉积岩的常见岩石类型。

(2) 学会鉴定常见的内源沉积岩。

二、实习用品

放大镜、小刀、三角板、H 铅笔、5%HCl。

三、内容

(1) 碳酸盐岩类:内碎屑灰岩、生物碎屑灰岩、鲕状灰岩、泥灰岩、白云岩。

(2) 硅质岩。

四、注意事项

(1) 注意使用 HCl 来判别 $CaCO_3$ 含量的高低。

(2) 注意灰岩与白云岩过渡类型、灰岩与灰泥岩过渡类型的成分变化、命名及鉴定特征。

五、作业

(1) 观察描述灰岩、白云岩、泥灰岩、竹叶状灰岩、鲕状灰岩、生物碎屑灰岩、硅质岩标本。

(2) 粒屑结构与碎屑结构有何共同之处? 为什么? 如何区分深灰色燧石岩和深灰色泥晶灰岩?

教学参考资料

1.碳酸盐岩类

主要由碳酸盐矿物(>50%)组成的沉积岩。主要矿物成分是方解石、白云石、铁白云石、菱镁矿等,其次为石英、云母、长石和粘土矿物等;化学成分主要为 CaO、MgO 和 CO_2,其次为 SiO_2、TiO_2、FeO、Fe_2O_3、Al_2O_3、K_2O、Na_2O、H_2O 以及某些微量元素。通常为灰色、灰白色。性脆。具粒屑(如岩屑、生物碎屑等)、生物骨架(如珊瑚、层孔虫等)、晶粒(粗晶、中晶、细晶、微晶等)和残余(残余生物、残余鲕状)结构。构造类型复杂多样,有叠层构造、鸟眼构造和缝合线构造等。多呈厚层或薄层状产出。

1)颜色

碳酸盐岩的颜色与其矿物成分有一定的关系。灰岩以灰色为基本色调,白云岩以白色为主。灰岩中一般随白云石含量的增加颜色变浅;而常因含粘土矿物(泥质)而略带黄色调;有机质常使灰岩颜色加深至黑灰色甚至为黑色。

2)结构

粒屑结构　类似于陆源碎屑岩的碎屑结构。描述内容应包括:①颗粒的类型(内碎屑、生物屑、包粒、球粒、团块),其中砾屑、砂屑、豆粒、鲕粒较常见。应具体描述其粒度、形态、含量等方面的特征。根据粒屑的类型可将结构细分为砾屑结构、鲕状结构、生物碎屑结构等类型。②填隙物,包括泥晶基质和亮晶胶结物。泥晶基质多为粉屑和泥屑,一般色较深,暗淡无光泽;亮晶胶结物多呈白色或浅灰色,重结晶后可见到方解石晶体及其解理面。最后观察胶结类型。

晶粒结构　由方解石或白云石晶体镶嵌而成的结构。可按晶粒粒径大小进一步划分为:巨晶(>4mm)、粗晶(4～0.5mm)、中晶(0.5～0.25mm)、细晶(0.25～0.05mm)、粉晶(0.05～0.01mm)、微晶(0.01～0.001mm)、隐晶(<0.001mm)。

生物骨架结构　由造礁生物的碳酸盐质骨架与充填在架间的碳酸盐细小晶粒构成。

3)构造

具粒屑结构的碳酸盐岩中可见与陆源碎屑岩相同的各种构造,包括水平层理、平行层理、斜层理、粒序层理等。此外还有叠层构造、鸟眼构造等碳酸盐岩所特有的构造。

4)成分

碳酸盐岩矿物成分可用稀盐酸鉴定。在石灰岩-白云岩系列中,反应强度大致分为4个等级:①强反映。迅速起泡,并发出嘶嘶声响,气泡大且消失迅速,后续气泡出现快。矿物成分以方解石为主,岩石类型为灰岩;②中等反映。起泡迅速,但无小水珠飞溅,大气泡消失后有小气泡产生。矿物以方解石和白云石为主,岩石类型为白云质灰岩;③弱反映。起泡出现较慢、较少,有的起泡可滞留在岩石上不动。岩石类型为灰质白云岩;④无反映。长时间都无气泡出现,但粉末有中等强度的反映或不反映,岩石类型为白云岩。

用稀盐酸检验的矿物成分是概略的,因为反映强度还与岩石的粒度、孔隙度、渗透性和温度有关,粒度越细、孔隙度渗透性越好、温度越高,反映越剧烈。反映结束后,按照残留物的多少还可大致判断其中泥质成分的含量,可用手或者白纸把它们揩下来观察。用稀盐酸检验矿物成分时,应在标本的不同部位进行,以便确定成分分布是否均匀。滴酸后,如果反映明显沿一条细线行进,这很可能就是一条微方解石脉,应换一个部位检测。

5)分类及命名

①石灰岩类:主要矿物为方解石(>50%),其次为白云石、菱镁矿、石英、长石和粘土矿物等。又可进一步详细分类(图1-21)。常见岩石类型有内碎屑灰岩、生物碎屑灰岩、鲕粒灰岩、球粒灰岩、泥晶灰岩、石灰华和泉华等。

②白云岩类:主要由白云石(>50%)组成,其次为方解石、菱镁矿、石英、长石、粘土矿物等。常见岩石类型有同生白云岩、碎屑白云岩、成岩白云岩和后生白云岩等。

6)常见岩石类型

内碎屑灰岩　是一种以内碎屑为主要组分的异化粒灰岩。按内碎屑的形状和大小可分为砾屑灰岩(及角砾状灰岩)、砂屑灰岩、粉屑灰岩等。它是水盆地中已固结的或弱固结的碳酸盐沉积物,遭受波浪、水流冲刷、破碎、磨蚀后再次沉积而成的具有碎屑结构的石灰岩。竹叶状灰岩便是一种典型的砾屑灰岩。

生物碎屑灰岩　是一种由破碎的生物贝壳被碳酸钙胶结而成的石灰岩。它多形成于水流或波浪作用强烈的地区或生物礁的侧翼。本类岩石中的生物一般具异地埋藏特征。

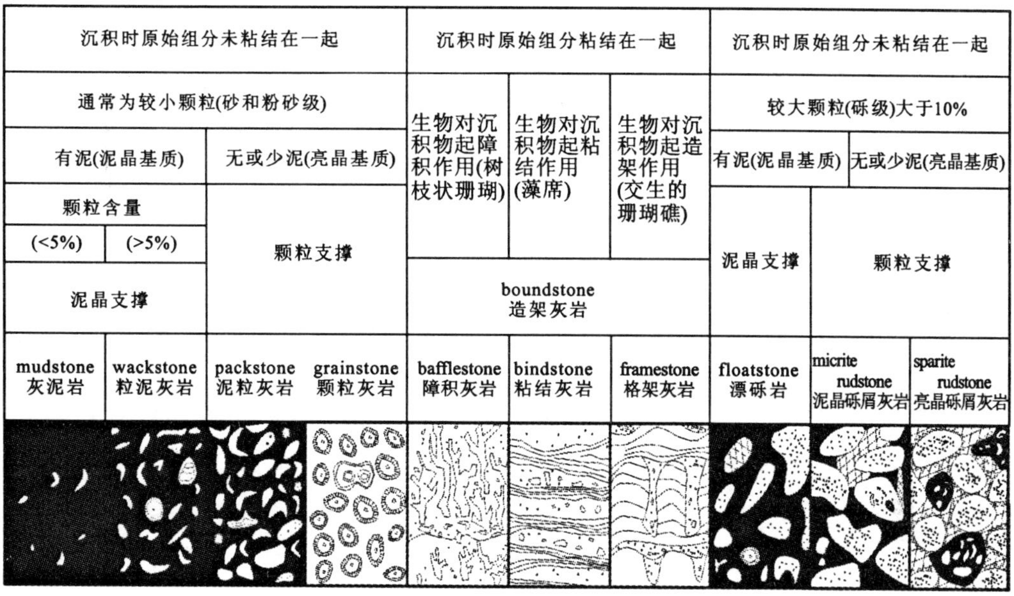

图 1-21 石灰岩分类方案(Dunham, 1962)

鲕粒灰岩 以鲕粒(豆粒)为主要颗粒的粒屑灰岩称鲕粒(豆粒)灰岩。鲕粒一般大小较均一。鲕粒灰岩中可发育交错层理、递变层理和波痕等构造。鲕粒间的填隙物可以是灰泥和亮晶,反映沉积环境的水动力大小和成岩后生作用强度。

泥晶灰岩 又称灰泥岩、微晶灰岩等,是石灰岩主要类型之一。本类岩石几乎全由0.001～0.004mm的灰泥(又称泥晶)组成,仅含少量异化粒(<5%)。它在结构上相当于陆源粘土岩。常形成于低能环境,如泻湖、潮上带、浪基面以下的深水区。有些泥晶灰岩处在软泥阶段被生物扰动或遭受滑动变形,形成扰动泥晶灰岩。

瘤状(或结核状)灰岩 灰岩中具薄的波状层或薄的断续分布的透镜体,有的为较纯的灰岩结核。结核或透镜体常被波状或漩涡状的粘土杂基包裹。

白云岩 一般由均匀的白云石微晶组成,几乎不含生物化石,常混入石英、长石、方解石和粘土矿物。呈灰白色,性脆,硬度小,用铁器易划出擦痕。遇稀盐酸缓慢起泡或不起泡,外貌与石灰岩很相似。常具有干裂、鸟眼、膏盐假晶等构造,一般形成于盐度高的潮上带、潮间带、内陆盐湖等环境。按成因可分为原生白云岩、成岩白云岩和后生白云岩;按结构可分为结晶白云岩、残余异化粒子白云岩、碎屑白云岩、微晶白云岩等。

2. 硅质岩

硅质岩的矿物成分以石英、非晶质的蛋白石和隐晶质的玉髓为主,肉眼难作细分。其结构以胶状或隐晶质结构为主,具层状、条带状构造等。

实习七　岩浆岩的结构与构造

一、目的与要求

（1）认识岩浆岩的结构与构造特点。

（2）学会岩浆岩的手标本描述方法与步骤。

二、实习用品

放大镜、小刀、三角板、H 铅笔。

三、内容

（1）岩浆岩的结构：斑状结构、似斑状结构、粒状结构。

（2）岩浆岩的构造：块状构造、斑杂构造、气孔构造、杏仁构造。

四、注意事项

（1）注意斑状结构与似斑状结构的区别，前者基质为隐晶质，后者多为细—中粒。

（2）深成岩多为显晶结构，块状构造；浅成岩多为斑状结构、细粒结构，块状或斑杂构造；喷出岩多为斑状结构、无斑隐晶结构，气孔、杏仁或流动构造。

五、作业

描述斑状结构、似斑状结构、粒状结构、块状构造、斑杂构造、气孔构造、杏仁构造等标本。

教学参考资料

1. 岩浆岩的结构

岩浆岩结构是指组成岩石的矿物的结晶程度、颗粒大小、晶体形态、自形程度以及颗粒之间的相互关系（表 1 - 14）。

表 1 - 14　岩浆岩的结构

矿物结晶程度	矿物颗粒大小		矿物自形程度	矿物颗粒之间相互关系
	绝对大小	相对大小		
全晶质结构 半晶质结构 玻璃质结构	粗粒结构 $d>5$mm 中粒结构 $d=2\sim5$mm 细粒结构 $d=0.2\sim2$mm 微粒结构 $d<0.2$mm 隐晶质结构 $d<0.02$mm	等粒结构 不等粒结构 斑状结构	自形粒状结构 半自形粒状结构 他形粒状结构	反应边结构 条纹结构 文象结构 蠕虫结构 环带结构 包含结构 填间结构

根据矿物的结晶程度分为：全晶质结构（由已结晶的矿物组成）、半晶质结构（由部分结晶质和部分非晶质组成）、玻璃质结构（由非晶质物质组成）（图 1-22）。

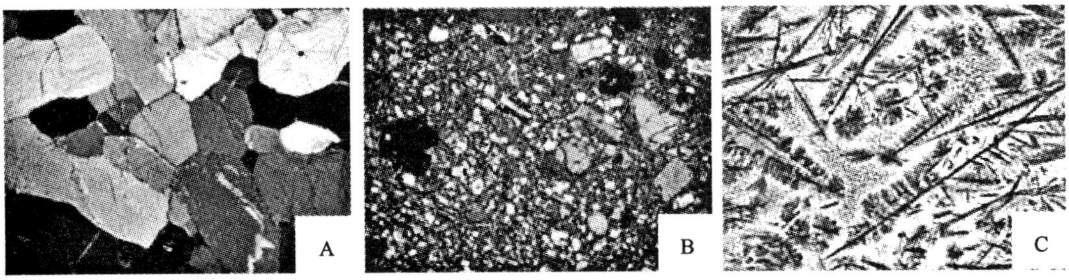

图 1-22 岩浆岩按矿物结晶程度的结构分类

A. 全晶质结构（等粒）；B. 半晶质结构；C. 玻璃质结构

在全晶质结构中再根据颗粒的大小分：粗粒结构（>5mm）；中粒结构（2～5mm）；细粒结构（0.2～2mm）；隐晶质结构（<0.2mm），肉眼（放大镜）下已不易分辨。

在全晶质结构中，根据矿物颗粒的相对大小可分为：等粒结构（岩石中同种矿物颗粒大致相等）；不等粒结构（岩石中同种矿物颗粒大小不等）；斑状结构（组成岩石的矿物明显可分为大小截然不同的两群颗粒，大者称斑晶，小者称基质，基质多为隐晶质或玻璃质，中间不存在过渡颗粒），如花岗斑岩（斑晶为钾长石或石英，基质为隐晶质）；似斑状结构（基质为显晶质，多为细粒），如周口店似斑状花岗闪长岩（斑晶为钾长石和斜长石，基质为细粒钾长石、斜长石、石英和角闪石）。

根据矿物颗粒之间相互关系，岩石结构又可分为：反应边结构、条纹结构、文象结构、蠕虫结构、环带结构、包含结构和填间结构等。

2. 岩浆岩的构造

岩浆岩的构造是指岩石中不同矿物集合体之间或集合体与其他组成部分之间的排列、充填方式等关系。常见有以下几种构造（表 1-15）。

块状构造 又称均一构造，岩石各部分在矿物成分和结构上都是均匀的，这是深成侵入岩最常见的构造，如花岗岩、花岗闪长岩、闪长岩、橄榄岩等。

斑杂构造 又称不均一构造，岩石中不同部位在矿物成分或结构上均有差异，如一些地方暗色矿物相对集中，而另一些地方浅色矿物相对集中。

带状构造 暗色矿物与浅色矿物相对集中呈交替带状分布，这种构造在基性侵入岩（辉长岩）中常见。

表 1-15 岩浆岩的主要构造类型

常见侵入岩的构造	常见喷出岩的构造
块状构造	气孔构造
斑杂构造	杏仁构造
带状构造	枕状构造
球状构造	绳状构造
晶洞构造	流纹构造
流动构造	假流纹构造
	柱状节理
	珍珠构造

上述几种构造主要为侵入岩常见构造，喷出岩常见有流纹构造、气孔构造和杏仁构造等。

3. 岩浆岩描述的步骤与方法

描述步骤：颜色；结构；构造；矿物成分；岩石命名。

描述方法：各部分应作详细描述，如中粒黑云母二长花岗岩描述如下：

深灰色；自形中粒结构，块状结构。矿物成分：石英，他形粒状，粒径2～4.5mm，含量25%±；钾长石，半自形粒状，粒径3.5～4.5mm，含量35%±；斜长石，半自形厚板状，粒径2～3mm，含量25%±；黑云母，片状，粒径1～2mm，含量10%±。岩石命名为：中粒黑云母二长花岗岩。

实习八 超基性岩、基性岩及脉岩

一、目的与要求

(1) 了解岩浆岩的分类方案，分析基性岩化学成分及矿物成分特征。

(2) 观察描述超基性-基性岩岩石标本，学会鉴定几种常见的超基性岩和基性岩。

(3)观察描述几种常见的脉岩。

二、实习用品

放大镜、小刀、三角板、H 铅笔。

三、内容

(1) 超基性岩：橄榄岩、金伯利岩。

(2) 基性岩：辉长岩、辉绿岩、玄武岩。

(3) 脉岩：煌斑岩、细晶岩、伟晶岩。

四、注意事项

(1) 橄榄石易于蛇纹石化，蛇纹石多呈绿色，隐晶、致密状，手摸有滑感。橄榄岩、金伯利岩常具蛇纹石化。

(2) 辉石易蚀变为阳起石或透闪石，而斜长石易蚀变为绿帘石或高岭石。

五、作业

(1) 描述橄榄岩、辉石岩、金伯利岩、辉长岩、辉绿岩、玄武岩等标本。

(2) 描述伟晶岩、细晶岩、煌斑岩标本。

(3) 如何区分辉长岩和辉绿岩？辉长岩和辉石岩有何不同？

教学参考资料

1.岩浆岩的分类

岩浆岩一般根据化学成分、矿物成分、结构构造及产状等因素进行分类(表 1-16)。

1)按化学成分分类

一般根据 SiO_2的含量分为四大类：超基性岩类($SiO_2<45\%$)、基性岩类($SiO_2=45\%\sim52\%$)、中性岩类($SiO_2=52\%\sim65\%$)和酸性岩类($SiO_2>65\%$)。每一类又根据碱度分为钙碱性系列($\sigma<3.3$)、碱性系列($\sigma=3.3\sim9.0$)和过碱性系列($\sigma>9$)。

表 1-16　岩浆岩分类表

<table>
<tr><td colspan="3">SiO_2(%)</td><td><45</td><td>45～52</td><td colspan="2">52～65</td><td colspan="2">>65</td><td colspan="3">52～65</td></tr>
<tr><td colspan="3">石英(Q)</td><td>Q=0</td><td>Q=0～微</td><td>Q=0～20</td><td colspan="3">Q=20～60</td><td colspan="2">Q=0～20</td><td>Q=0</td></tr>
<tr><td colspan="3">长石总量</td><td>0～10</td><td>10～90</td><td>40～70</td><td colspan="3">30～70</td><td colspan="2">40～60</td><td>30～40</td></tr>
<tr><td rowspan="4">侵入岩</td><td rowspan="2">深成岩</td><td>全晶质等粒</td><td rowspan="2">橄榄岩
辉　岩
角闪岩</td><td rowspan="2">辉长岩
苏长岩
橄长岩
斜长岩</td><td rowspan="2">闪长岩</td><td rowspan="2">花岗闪长岩
斜长花岗岩
英闪岩</td><td rowspan="2">花岗岩</td><td rowspan="2">碱性花岗岩</td><td rowspan="2">正长岩
二长岩</td><td rowspan="2">碱性正长岩</td><td rowspan="2">霞石正长岩
霓霞正长岩</td></tr>
<tr><td>半自形粒状或似斑状结构</td></tr>
<tr><td>浅成岩</td><td>全晶质细粒等粒斑状结构</td><td rowspan="2">苦橄玢岩
金伯利岩</td><td rowspan="2">辉绿岩</td><td rowspan="2">闪长玢岩</td><td rowspan="2">花岗闪长斑岩</td><td rowspan="2">花岗斑岩</td><td rowspan="2"></td><td rowspan="2">正长斑岩</td><td rowspan="2"></td><td rowspan="2">霞石正长斑岩</td></tr>
<tr><td>次火山岩</td><td>介于浅成岩和火山岩之间</td></tr>
<tr><td colspan="2">火山岩</td><td>无斑隐晶质或斑状，半晶质或玻璃质结构</td><td>苦橄岩
科马提岩
麦美奇岩
玻基橄榄岩
玻基辉橄岩
玻基辉岩</td><td>拉斑玄武岩
橄榄玄武岩
玄武玻璃
细碧岩</td><td>安山岩</td><td>英安岩</td><td>流纹岩</td><td>碱性流纹岩
石英角斑岩</td><td>粗面岩</td><td>碱性粗面岩
角斑岩</td><td>响　岩
白榴石响岩</td></tr>
<tr><td colspan="3" rowspan="3">岩　类</td><td>橄榄岩-苦橄岩</td><td>辉长岩-玄武岩类</td><td>闪长岩-安山岩类</td><td>花岗闪长岩英安岩</td><td colspan="2">花岗岩-流纹岩类</td><td colspan="2">正长岩-粗面岩</td><td>霞石正长岩-响岩类</td></tr>
<tr><td rowspan="2">超基性岩类</td><td rowspan="2">基性岩类</td><td rowspan="2">中性岩类</td><td rowspan="2">中酸性岩类</td><td>钙碱性系</td><td>碱性系</td><td>钙碱性系</td><td>碱性系</td><td rowspan="2">碱性岩类</td></tr>
<tr><td colspan="2">酸性岩类</td><td colspan="2">中性岩类</td></tr>
</table>

2)按矿物成分分类

矿物成分及含量是岩浆岩分类命名的基础。矿物成分主要包括石英含量、暗色矿物种类及含量、长石的种类及含量，以及似长石(也称副长石，包括霞石、白榴石、方柱石和钙霞石等)的有无及含量。超基性岩以不含石英、基本上不含长石和富含大量暗色矿物为特征；酸性岩类以含石英和贫暗色矿物为特征；基性岩及中性岩类以其所含长石类型及暗色矿物种类加以区别。钙碱性系列岩石以不含似长石为特征，碱性岩以含似长石为特征。

3)按产状、结构构造分类

岩浆岩的产状是决定岩浆岩结构的重要因素，即使岩石的化学成分、矿物成分相同，如果产状不同，则岩石的结构也不同，所以产状、结构也是分类的重要依据。再按产状、结构构造的不同，各大类岩石可进一步划分为深成岩、浅成岩和喷出岩。

2. 超基性岩类

常见超基性的深成侵入岩有橄榄岩(类)、辉石岩(类)，浅成岩有金伯利岩，喷出岩有苦橄岩和科马提岩。

1)深成侵入岩

按其矿物成分不同可分为四种常见类型：橄榄岩类(主要由橄榄石组成)、辉石岩类(主要由辉石组成)、角闪石岩类(主要由角闪石组成)和黑云母岩类(主要由黑云母组成)。

橄榄岩　是超基性深成侵入岩的代表性岩石。肉眼观察这类岩石多呈黑色、暗色或深色，中粒或粗粒结构，多为块状构造，有时可见带状构造和流动构造。主要矿物成分是橄榄石和辉石；次要矿物成分为角闪石、黑云母，偶见基性斜长石；副矿物常见有磁铁矿、钛铁矿、铬铁矿、磷灰石和尖晶石等。地表新鲜的橄榄岩很少见到，多数已遭受蚀变，可变成深色或绿色、隐晶、致密、具滑感的蛇纹岩(主要矿物为蛇纹石、绿泥石，阳起石或透闪石)。

纯橄榄岩　深绿色、褐绿色，中、粗粒结构，块状构造，主要矿物成分几乎全为橄榄石(90%～100%)，含少量辉石(0～10%)及少量铬铁矿、磁铁矿、钛铁矿和磁黄铁矿、自然铂等。大多数纯橄榄岩易蚀变，新鲜者极少，蚀变后常成为蛇纹石，常与橄榄岩、辉石岩、辉长岩等形成杂岩体。

辉石岩　黑色，常见中一粗粒结构，块状构造，矿物成分几乎全部由辉石组成(>90%)，可含有橄榄石、角闪石等。根据辉石种类可进一步划分为方辉岩、透辉岩和二辉岩等。

2)浅成侵入岩

金伯利岩是超基性浅成侵入岩类代表性岩石。颜色灰、黑或略带绿深色；常见细粒结构、斑状结构，斑晶为橄榄石，但含量较少，也有无斑隐晶结构；一般为块状构造、角砾状构造，致密坚硬；矿物成分主要为橄榄石、镁铝榴石、金云母、铬铁矿等。

3)喷出岩

超基性喷出岩主要为苦橄岩和科马提岩，但地表极为少见。

苦橄岩　矿物成分以橄榄石、辉石为主，不含或含少量的基性斜长石、普通角闪石；副矿物为钛铁矿、磁铁矿和磷灰石等。岩石呈暗绿至黑色。具细粒结构或斑状结构，斑晶为橄榄石。苦橄岩的“苦”字系从日文转译而来，是富含“镁”的意思。一般将成分与辉橄岩相当的喷出岩称为苦橄岩，而将成分与纯橄榄岩相当的喷出岩称为麦美奇岩(Meymchite)，后者因首次发现于俄罗斯堪察加的麦美奇而得名。

科马提岩　是一种含镁很高的超铁质火山岩，因首先发现于南非的科马提河流域而得名。这种岩石常与拉斑玄武岩呈互层状产出于太古代绿岩带中。主要矿物成分为含镁较高的橄榄石、富铝单斜辉石、铬尖晶石、钛铁矿和磁铁矿。科马提岩的一个重要特征是其中的橄榄石和单斜辉石呈针状骸晶(图 1－23)，平行排列成簇，形成特殊的鬣刺结构(图 1－24)。

3.基性岩类

基性岩的深成侵入岩为辉长岩，浅成岩为辉绿岩，喷出岩为玄武岩。

1)深成侵入岩

基性深成侵入岩的代表岩石为辉长岩。辉长岩类岩石呈黑色、灰黑色或略带红的深灰色。一般为中一粗粒半自形粒状结构(辉长结构)，块状构造或条带状构造。条带由含辉石较多的

图 1－23　科马提岩中骸晶

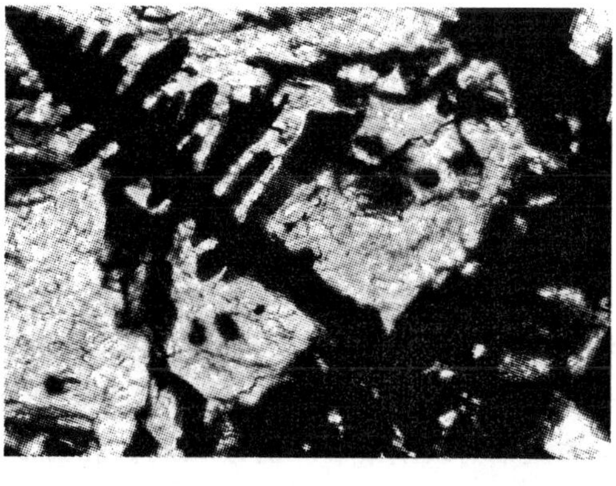

图 1－24　科马提岩中鬣刺结构

深色条带和含斜长石较多的浅色条带相间而成。辉长岩中的主要矿物成分是斜长石和辉石。次要矿物为橄榄石、角闪石和黑云母，有时也含正长石和少量石英。副矿物常有磁铁矿、钛铁矿、磷灰石和尖晶石。辉石多为黑色半自形短柱状，斜长石多为半自形板状晶体，新鲜的斜长石易见聚片双晶。辉石和斜长石可蚀变为其他矿物，如辉石易蚀变为阳起石、透闪石，斜长石易蚀变为绿帘石或高岭石，蚀变后辉石颜色变浅，斜长石多呈淡黄绿色。辉长岩一般呈规模较小的侵入体，往往与超基性岩及闪长岩等共生。

辉长岩类可按其中铁镁矿物和硅铝矿物的含量划分下列种属：

暗色辉长岩　铁镁暗色矿物含量65%～90%。

辉长岩　铁镁暗色矿物(以辉石为主)含量在35%～65%，硅铝浅色矿物(以基性斜长石为主)含量也在35%～65%，典型辉长岩中辉石和长石的含量比近于58∶42(图1-25A)。

浅色辉长岩　铁镁暗色矿物含量仅有35%～10%，而硅铝浅色矿物含量在65%～90%。

A

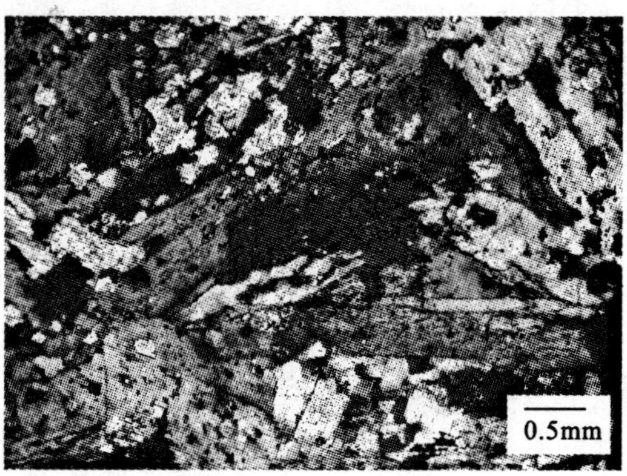

B

图1-25　辉长岩(A)和辉绿岩(B)(正交偏光)

斜长岩　铁镁暗色矿物含量小于10%，而硅铝浅色矿物含量大于90%。这类岩石不多见，常与辉长岩共生。一般认为斜长岩是由相当于辉长岩的熔浆分异产生的，但也有人认为是由地壳深部或上地幔的深熔作用形成的。

2)浅成侵入岩

基性浅成侵入岩是辉绿岩(图1-25B)。深灰、灰黑色，辉绿结构(辉绿结构是较自形的斜长石和他形粒状的辉石所组成的结构，辉石呈他形充填于杂乱交错的长条状斜长石矿物所构成的近三角形空隙中)，常呈岩脉、岩墙产出。主要由辉石和基性长石(与辉长岩成分相当)组成，含少量橄榄石、黑云母、石英、磷灰石、磁铁矿、钛铁矿等。基性斜长石常蚀变为钠长石、黝帘石、绿帘石和高岭石；辉石常蚀变为绿泥石、角闪石和碳酸盐类矿物。

3)喷出岩

基性喷出岩的代表岩石是玄武岩。玄武岩一般为黑色、绿灰色以及暗紫色等，多具斑状结构和无斑隐晶质结构，气孔构造或杏仁构造。在海底喷发的玄武岩则常具有特殊的枕状构造，有的层状玄武岩还发育柱状节理，形成规则的六边形柱体，柱体垂直于熔岩层。

玄武岩有玻璃质和半晶质结构。在斑状结构中，常见的斑晶矿物为橄榄石、斜长石和辉石，其中的橄榄石易变为褐红色的伊丁石。大多数玄武岩的基质都是隐晶质的，肉眼下一般都分辨不出其矿物成分。

玄武岩可根据其所含斑晶矿物成分和玄武岩的化学成分划分种属：

橄榄玄武岩　斑晶成分主要为橄榄石，若橄榄石已变为伊丁石则称伊丁玄武岩。

辉石玄武岩　斑晶主要成分为辉石的玄武岩。

斜长玄武岩　斑晶主要成分为斜长石的玄武岩。

4. 脉岩

常见脉岩有煌斑岩、细晶岩和伟晶岩，煌斑岩又称暗色岩脉，细晶岩和伟晶岩又称浅色岩脉。

煌斑岩　主要由暗色矿物组成，黑云母、角闪石含量最高，其次为辉石和橄榄石。暗色矿物自形程度往往较好，一般为粒状结构或斑状结构。以黑云母为主的称云母煌斑岩，以角闪石为主的称角闪煌斑岩，以此类推。

细晶岩　因浅色矿物颗粒很细而得名。浅色矿物主要为石英、钾长石和斜长石，其矿物颗粒细小（$<2mm$）且均匀，外貌似细粒白砂糖。

伟晶岩　因矿物颗粒粗大（伟晶）而得名，粒径多在 1cm 以上，最常见的有花岗伟晶岩，主要矿物为钾长石（呈肉红色）和石英（呈白色）。有时石英呈蠕虫状而构成文象结构。

实习九　中性岩、酸性岩

一、目的与要求

(1) 观察描述中性岩、酸性岩的主要岩石类型。
(2) 学会鉴定几种常见的中性岩和酸性岩。

二、实习用品

放大镜、小刀、三角板、H 铅笔。

三、内容

(1) 中性岩:闪长岩、闪长玢岩、安山岩、正长岩、正长斑岩。
(2) 酸性岩:花岗岩、花岗斑岩、流纹岩。

四、注意事项

(1) 闪长玢岩斑晶多为斜长石,正长斑岩斑晶多为钾长石。

(2) 新鲜安山岩多呈灰绿色,玄武岩呈黑灰色,前者斑晶为角闪石和斜长石,后者为橄榄石或辉石。一般所见安山岩为红褐色,多是风化颜色。

(3) 钾长石易于蚀变为白色高岭石,而斜长石易于蚀变为绿色绿帘石。

(4) 只有石英在浅色矿物中的含量大于 20%才称为花岗岩类。正常花岗岩中钾长石含量多于斜长石。

五、作业

(1) 描述闪长岩、闪长玢岩、安山岩、正长岩、正长斑岩、粗面岩等标本。
(2) 描述花岗岩、花岗闪长岩、二长花岗岩、花岗斑岩、流纹岩等标本。
(3) 如何区分闪长玢岩和正长斑岩? 闪长岩和正长岩在矿物成分上有何不同?
(4) 花岗岩和花岗闪长岩的根本区别是什么?

教学参考资料

1. 中性岩

常见中性岩有钙碱性系列岩石和碱性系列岩石。常见钙碱性系列的深成侵入岩为闪长岩,浅成岩为闪长玢岩,喷出岩为安山岩。常见碱性系列的深成侵入岩为正长岩,浅成岩为正长斑岩,喷出岩为粗面岩。

1)钙碱性系列

闪长岩　灰色、灰黑色或浅绿色;半自形粒状结构;块状构造或条带状构造;矿物成分主要为中性斜长石、角闪石,次要矿物为黑云母、辉石。岩石中可含少量石英和钾长石,石英小于20%,钾长石小于10%。根据石英含量和暗色矿物种类,闪长岩(类)又可分为闪长岩、石英闪长岩和辉石闪长岩等。

闪长玢岩　灰色、灰白色;斑状或似斑状结构,块状构造、条带状构造;主要矿物成分:中性斜长石、角闪石,次要矿物为黑云母、辉石。斑状结构的斑晶多为角闪石或斜长石。

安山岩　新鲜岩石呈灰色,风化后为红褐色;常为斑状结构(也有无斑隐晶结构),气孔构造、杏仁构造,也有块状构造;斑晶主要为角闪石或斜长石,偶见黑云母,基质为隐晶质;显微镜下可见:主要矿物为中性斜长石、角闪石,次要矿物为黑云母、辉石。

2)碱性系列

正长岩　常呈浅灰、浅肉红、浅灰红等色,多为中粗粒结构,也有似斑状结构。常见块状构造,偶见斑杂构造。主要矿物有钾长石和斜长石,次要矿物有角闪石、黑云母、辉石,不含或含极少量的石英。暗色矿物含量一般在20%～30%。根据所含次要矿物种类的不同,可以进一步命名,如暗色矿物以角闪石为主可称为角闪正长岩,暗色矿物以辉石为主可称为辉石正长岩,暗色矿物以黑云母为主可称为黑云母正长岩。

正长斑岩　成分相当于深成的正长岩。肉红色;斑状结构,块状构造;斑晶主要是钾长石、其次为角闪石、黑云母、辉石,斑晶自形程度一般较好;基质为稳晶质或细粒。显微镜下可见:主要矿物成分为钾长石,可含有石英、角闪石、黑云母等次要矿物,若斑晶中含有一定量的石英(>5%),则称为石英正长斑岩。这类岩石常以小岩体或在深成侵入岩体的边部产出。

粗面岩　成分相当于正长岩。浅灰、浅黄或粉红色。具斑状、粗面状、球粒状结构,块状、流纹状或气孔状构造。通常分为钙碱性粗面岩和碱性粗面岩两种类型。钙碱性粗面岩主要由碱性长石、斜长石和少量暗色矿物组成。碱性长石以透长石为主,次为歪长石,暗色矿物主要为黑云母,含少量角闪石和辉石。可进一步分为以含钾长石为主的钾质粗面岩和以含钠长石为主的钠质粗面岩等。

2.酸性岩

酸性岩种类繁多,分布广泛。常见深成侵入岩有花岗岩、花岗闪长岩、二长花岗岩等。浅成岩代表岩石为花岗斑岩,喷出岩代表岩石为流纹岩(或黑曜岩)。

花岗岩　灰白色、浅红色等;粗—细粒粒状结构或似斑状结构;块状构造;主要矿物成分:钾长石、石英和斜长石,而石英在浅色矿物中含量大于20%,暗色矿物主要为黑云母和角闪石。

花岗岩种类繁多,一般采用石英(Q)、钾长石(A)和斜长石(P)的含量三角投图法命名(图1-26)。石英含量在Q点为100%,在AP线上为0%;在AP线上,以A+P为100%。如某岩石中暗色矿物为15%,石英为35%,钾长石和斜长石分别为25%,先将Q+P+A=85%换算为100%,找到Q在2～5区间,再将A+P=50%换算为100%,找到纵坐标为50,所以该岩石投在3b区间,属二长花岗岩。

在实际工作中仅根据三角形投图确定岩石的名称是不够的,一般还要根据岩石中的次要矿物进一步命名,如黑云母花岗岩、黑云母角闪石花岗岩;在一般情况下,只有次要矿物含量大于5%,才参与命名。

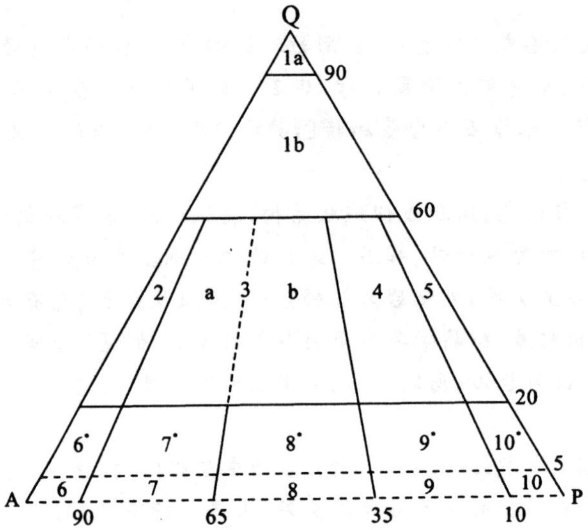

图 1－26　酸性侵入岩分类图(%)

1a. 石英石岩；1b. 富石英花岗岩；2. 碱长花岗岩(钠长石花岗岩，微斜长石花岗岩)；

3a. 钾长花岗岩(或普通花岗岩)；3b. 二长花岗岩；4. 花岗闪长岩；5. 斜长花岗岩

(6*—10*、6—10 为非酸性岩，不作说明)

A－钾长石；P－斜长石；Q－石英

花岗斑岩　矿物成分与花岗岩相同。灰白色或浅肉红色；斑状结构，块状构造。斑晶主要为钾长石和石英，偶见黑云母和角闪石，含量一般为 15%～20%，斑晶通常被基质熔蚀。基质多为隐晶质(微花岗结构)。花岗斑岩通常以小岩株、岩瘤、岩盘、岩墙产出，或作为同期晚阶段的侵入体穿插于大花岗岩岩体中。

流纹岩　灰白色或浅粉红色。斑状结构或无斑隐晶结构，常见有流纹构造或块状构造。斑晶常为石英、碱性长石，有时有少量斜长石；基质一般为致密的隐晶质或玻璃质。产状多为岩丘。脱玻化明显的流纹岩称为流纹斑岩。

黑曜岩　深褐色、黑色；玻璃质结构；流纹构造(各种颜色的玻璃质或隐晶质构成细纹层，并具流动特点)、气孔构造或杏仁构造及块状构造。主要矿物成分为钾长石、石英、斜长石、黑云母，颗粒细小，肉眼常无法分辨。

实习十 变质岩

一、目的与要求

(1) 了解掌握变质岩的结构、构造特征。

(2) 掌握常见变质岩的岩性特征。

(3) 描述和鉴定常见的变质岩。

二、实习用品

放大镜、小刀、三角板、H 铅笔。

三、内容

板岩、千枚岩、片岩、片麻岩、大理岩、石英岩、构造角砾岩、糜棱岩、角岩、矽卡岩、条带状混合岩、片麻状混合岩。

四、注意事项

(1) 变质岩描述内容:颜色;结构;构造;主要矿物成分;变质类型;分类及命名。

(2) 板岩与千枚岩的区别:板岩具板状构造,新生变质矿物很少,岩石中矿物很少变晶和重结晶作用,千枚岩具千枚状构造,岩石已全部经受变晶和重结晶作用,形成大量新生变质矿物,千枚岩具较强的丝绢光泽。

(3) 片岩与片麻岩的区别:片岩具片状构造,片状矿物含量大于 30%,常见红柱石、蓝闪石、阳起石、蓝晶石、绿泥石等中-低温特征变质矿物。片麻岩具有片麻状构造,片状矿物含量小于 30%,石英+长石大于 50%,矿物颗粒较粗。

(4) 角岩与板岩、千枚岩的区别:角岩具角岩结构或基质具角岩结构的斑状变晶结构,块状构造,岩石致密坚硬,除变斑晶外,基质均为隐晶质,不能分辨矿物颗粒,变斑晶常为红柱石、堇青石、石榴石等,板岩和千枚岩具板状构造或千枚状构造,常见鳞片状绢云母、绿泥石等。

(5) 钙质矽卡岩与镁质矽卡岩的区别:钙质矽卡岩是中酸性侵入体与钙质碳酸盐岩发生接触交代作用的产物,以富钙硅酸盐矿物为主要组成,最典型的矿物是钙铝-钙铁石榴石系列的石榴石和透辉石-钙铁辉石系列的单斜辉石。镁质矽卡岩是由中酸性侵入体与白云岩发生接触交代变质作用而成,主要由镁橄榄石、透辉石、金云母、尖晶石等富镁、铝硅酸盐等矿物组成。

五、作业

(1) 观察和描述下列岩石标本:板岩、千枚岩、片岩、片麻岩、大理岩、石英岩、构造角砾岩、糜棱岩、角岩、矽卡岩、条带状混合岩、片麻状混合岩。

(2) 区域变质岩由浅变质至深变质代表性岩石有哪些？千枚岩与片岩有何不同？

(3) 石英岩与石英砂岩有何不同？

(4) 矽卡岩中特征变质矿物有哪些？角岩的原岩是什么岩？

教学参考资料

1. 变质岩的结构

根据变质成因变质岩的结构可划分为：变余结构、变晶结构、破碎结构、交代结构。

1) 变余结构

在一些情况下，特别是低级变质岩中，由于重结晶作用和变质反映进行的不彻底，往往可保留原岩结构特点，称为残余结构或变余结构。变余结构的命名是在原岩结构之前加“变余”二字。如变余砂状结构、变余斑状结构等。

2) 变晶结构

由变质结晶作用产生的变质矿物叫作变晶，变晶的形状、大小、相互关系反映的结构统称为变晶结构，这是变质岩中最普遍的结构类型。变晶结构根据不同的划分原则包括如下几种：

①按变晶的自形程度划分

全自形变晶结构：组成岩石的绝大部分变晶矿物颗粒是自形晶。由于变质岩是在固态条件下发育形成的，每个晶粒都受到外界阻力和晶体本身成面能力的限制，此结构并不多见。

半自形变晶结构：岩石主要由半自形晶粒所组成，或者岩石中不同矿物的自形程度有较明显的差异，某种矿物晶形发育较完好，其他矿物的晶形发育较差。

他形变晶结构：组成岩石的各种矿物基本上都不呈各自应有的晶形，而是呈他形变晶镶嵌在一起。如某些大理岩、石英岩的结构等。

②按矿物粒度的绝对大小划分

粗粒变晶结构：矿物粒度大于3mm；中粒变晶结构：1～3mm；细粒变晶结构：0.1～1mm；显微变晶结构：小于0.1mm，用肉眼和放大镜都不能分辨出矿物颗粒，只有在显微镜下才能分辨。

③按矿物粒度的相对大小划分

等粒变晶结构：组成岩石的主要矿物颗粒大小基本相等，一般不具定向排列(图1-27A)。常见的变粒岩、石英岩、大理岩等常具此种变晶结构。

不等粒变晶结构：岩石中主要矿物颗粒大小不等，但粒度呈连续变化，也称系列变晶结构(图1-27B)。某些矽卡岩常具此种结构。

斑状变晶结构：与岩浆岩的斑状结构相似，只是成因不同。其特点是：在粒度较细小的矿物集合体中，分布着较大的矿物晶体，二者相差悬殊(图1-27C)。较细小的矿物集合体称为基质，较大的矿物晶体称为变斑晶。变斑晶一般是那些结晶力较强的矿物，如石榴石、十字石、红柱石等。基质可以是各种结构，如基质为鳞片变晶结构的斑状变晶结构。

④按变晶矿物的结晶习性和形态划分

粒状变晶结构　岩石主要由一些粒状矿物(长石、石英、方解石等)所组成。石英岩、大理岩、变粒岩等常具此种结构。

鳞片变晶结构　岩石主要由云母、绿泥石、滑石等片状矿物组成，这些矿物一般常呈定向排列。千枚岩、云母片岩常具这种结构。

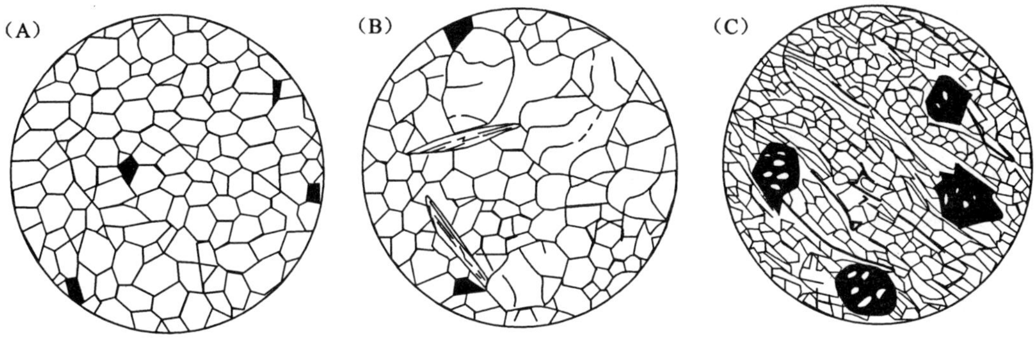

图 1-27　等粒结构(A)、不等粒结构(B)和斑状变晶结构(C)

A、B. 变质橄榄岩(橄榄石岩);C. 石榴石-黑云母-斜长石-白云母-石英片岩,据 Raymond(1995)改编

纤状变晶结构　岩石主要由柱状、针状或纤维状矿物组成,如阳起石、透闪石、矽线石、硅灰石等,它们常成平行排列或束状集合体,多见于角闪岩、绿片岩中。

3)交代结构

交代结构是交代作用所形成的结构,这类结构主要出现在混合岩及各种交代蚀变岩中。其特点是岩石中原有矿物的溶解消失和新矿物产生是同时进行的,既可置换原有矿物而形成假像矿物,也可以交代重结晶的方式形成新矿物。

4)变形结构

在地下深处岩石处于塑性状态,在应力作用下可以发生形变及重结晶,而脆性岩石在所受定向压力超过弹性限度时,岩石本身及组成矿物就会发生碎裂、移动、磨损而形成各种变形及碎裂结构。由于这类结构的主要起因是动力作用,故又称为动力变质结构。代表性的动力变质结构有:

碎裂结构　岩石和矿物颗粒发生裂隙、裂开并在颗粒的接触处和裂开处被破碎成许多小碎粒,因而矿物颗粒的外形都呈不规则的棱角状、锯齿状、粒间则为粒化作用形成的细小碎粒和碎粉。但破碎的颗粒一般位移不大(图 1-28A)。

糜棱结构　是在地壳较深的部位,基本上处在塑性状态下,岩石以显微碎裂颗粒化、蠕变、颗粒边界滑动、重结晶等作用形成的一种具糜棱面理的定向结构(图 1-28B)。

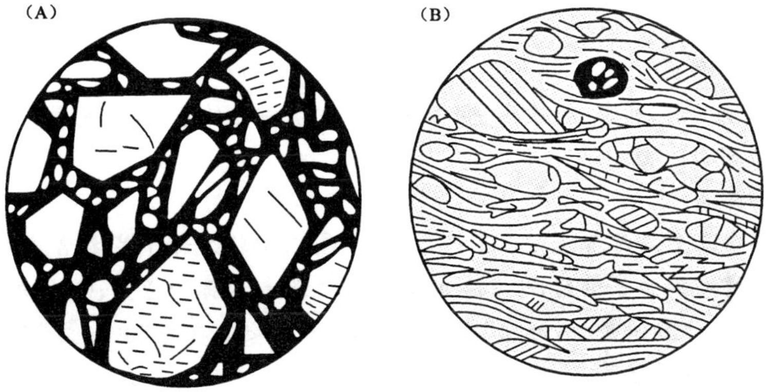

图 1-28　碎裂结构(A)和糜棱结构(B)

2. 变质岩的构造

变质岩构造按成因分为变余构造和变成构造两大类。

1）变余构造

变余构造是因变质作用不彻底而保存的原岩构造，又称为残余构造，多见于低级变质岩中，与变质构造相伴生，如变余层理构造、变余杏仁构造、变余流纹构造等。

2）变成构造

变成构造是指变质作用过程中（主要是变质结晶作用和重结晶作用）所形成的构造，常见的类型有：

斑点状构造　这是接触变质初期形成的斑点板岩特有的一种构造，其特点是岩石中分布一些形状不一，大小不等的斑点，这些斑点肉眼基本不能辨别出其矿物成分，在显微镜下可见斑点系碳质、铁质物质或是堇青石、云母等的雏晶集合体。

板状构造　又称为板劈理，是重结晶程度很低（隐晶质）的低级变质岩典型的面理形式。通常由密集的间隔平面（劈理面）显示，沿着劈理面岩石容易裂开呈平整、光滑但光泽暗淡的板片。

千枚状构造　面理由细小的（多小于0.1mm）片状硅酸盐定向排列而成，重结晶程度比板状构造高，但肉眼仍难以识别矿物颗粒。岩石易沿面理裂开，劈开面不如板劈理面平整，但有强烈丝绢光泽（绢云母、绿泥石等片状硅酸盐矿物造成）。

片状构造　面理由肉眼可识别的（粒径＞0.1mm）片、板、针、柱状矿物连续定向排列而成。岩石较易沿面理裂开，但裂开面平整程度比千枚状构造差些。

片麻状构造　又称为片麻理。与片状构造相同点是岩石重结晶程度高，矿物肉眼可识别。不同点在于粒状矿物含量高，板片状、针柱状矿物在其中断续定向分布。

层状构造　又称为条带状构造，是由不同成分、不同结构的浅色与暗色层（或透镜体）互层构成的面状构造。广泛出现在区域变质岩、动力变质岩和混合岩之中。

眼球状构造　特点是眼球状巨大颗粒或颗粒集合体在基质中定向分布。见于动力变质岩和混合岩中。

块状构造　岩石中矿物成分和结构都很均匀，不显示定向排列，称块状构造。如大理岩、石英岩常具此类构造。

流状构造　细小碎基和新生的鳞片状、纤状矿物呈纹层状定向分布，颇似流纹构造，但系应力所致。

3. 变质岩的矿物成分

根据变质程度不同，在部分（或少量）保留原岩矿物成分的基础上，变质岩中可出现少量至大量的特征变质矿物。

4. 变质岩的命名

所有分类在命名岩石时都遵循以下两个原则：①以矿物名称＋基本名称命名岩石。基本名称前矿物以含量增加为序排列，含量高的矿物靠近基本名称的原则；②当岩石的变余结构、构造非常发育，原岩十分清楚时，则以“变质××岩”命名之。其中“××岩”是原岩名称。如：变质长石砂岩、变质辉长岩等。

5. 几种常见的变质岩

板岩　是一种极细粒至隐晶质、通常具有密集板状劈理的岩石，板理面平滑。板岩的可能原岩主要是页岩、泥岩或凝灰岩。重结晶不明显或极轻微，镜下可见有泥质和部分绢云母、绿泥石，有时可见有少量的白云母、黑云母、石英等。具变余泥质结构，板状构造。根据颜色及杂质可进一步定名，如红色板岩、碳质板岩等。

千枚岩 具千枚状构造的变质岩石。其原岩类型与板岩相似，重结晶程度比板岩高；但肉眼仍然不能鉴定出矿物的成分，普通显微镜下可观察到片状矿物是绢云母和少量绿泥石、黑云母，因而定向面理上具有特征的丝绢光泽。

片岩 具片状构造；鳞片或纤状变晶结构，也常具斑状变晶结构，基质为鳞片（纤状）变晶结构。矿物粒度多大于 0.1mm，肉眼可以辨认矿物成分。常见矿物主要为绢云母、白云母、绿泥石、硬绿泥石、黑云母、角闪石等片状或柱状矿物，含量（体积百分数）常大于 30%，其次为浅色粒状矿物长石、石英，长石含量小于 25%。常见变斑晶有十字石、蓝晶石、铁铝榴石等特征变质矿物。

片麻岩 具片麻状构造，矿物成分主要由石英、长石及一定量的片状、柱状矿物组成。一般长石＋石英的含量大于 70%，长石含量大于 25%，暗色矿物含量小于 30%。暗色矿物主要是黑云母、角闪石。此外还经常含少量的矽线石、蓝晶石、石榴石、堇青石等特征变质矿物。常为中粗鳞片粒状变晶结构。片麻岩除具片麻状构造外，有时还出现条带状构造。

大理岩 主要由方解石或白云石组成的岩石，碳酸盐矿物含量大于 50%，具粒状变晶结构，块状或条带状构造。常见特征变质矿物有：透闪石、透辉石、橄榄石、金云母等。

石英岩 主要由石英组成的粒状变晶结构的岩石，具块状构造，有时可见变余层理构造。岩石一般为乳白、灰白等浅色，石英含量大于 95%，致密坚硬是其重要特点。

构造角砾岩 具碎裂结构，角砾状构造。主要由较大的（$d>2$mm）的碎块（角砾）组成，角砾碎块呈棱角状，大小混杂，排列紊乱。基质由细小的破碎物（碎基）和铁质、硅质、钙质胶结物组成。若角砾磨圆，则称为构造砾岩。

糜棱岩 具糜棱结构，定向构造。碎斑通常呈卵圆状、眼球状、透镜状，常发育波状消光、变形纹、变形带、扭折带等晶内和晶界塑性变形结构。基质主要由亚颗粒和细小的重结晶颗粒组成，具有明显的面理，且常呈条带状（成分层）绕过碎斑，显示塑性流动特征，因而常称为流状构造。

角岩 黑色；角岩结构或基质为角岩结构的斑状变晶结构；块状构造；除变斑晶外，肉眼不能分辨基质矿物成分。可根据变斑晶成分进一步分类命名，如红柱石角岩、堇青石角岩等。

矽卡岩 颜色变化较大，常见褐色、暗绿色、灰色等；具不等粒变晶结构或斑状变晶结构；块状构造或斑杂构造；主要矿物成分：石榴石、透辉石、绿帘石、透闪石、符山石、橄榄石、金云母、尖晶石、方解石等。矽卡岩主要产于中酸性侵入岩与碳酸盐岩接触带，是碳酸盐岩在接触热变质的基础上和高温气水热液的影响下，经接触交代作用形成的。根据矽卡岩的主要矿物成分特点可将矽卡岩分为两种类型，即钙质矽卡岩和镁质矽卡岩。一般常说的矽卡岩是指钙质矽卡岩，是中酸性侵入体与钙质碳酸盐岩（石灰岩、大理岩等）发生接触交代作用的产物，以富钙硅酸盐矿物为主所组成。最典型的矿物是钙铝榴石-钙铁榴石系列的石榴石和透辉石-钙铁辉石系列的单斜辉石。镁质矽卡岩是由中酸性侵入体与白云岩发生接触交代变质作用而成。主要由镁橄榄石、透辉石、金云母、尖晶石、硅镁石等富镁（铝）硅酸盐矿物组成。还可出现硼镁石、硼镁铁矿等硼酸盐矿物。

条带状混合岩 是指在脉体与基体的量比关系中基体较多（50%～85%）、脉体较少（15%

～50％)的变质岩，岩石整体颜色较暗。根据构造形态类型可进一步划分为：角砾状混合岩、眼球状混合岩、条带状混合岩等。

片麻状混合岩　混合岩化作用已相当强烈，残留基体仅占较少部分(50％～15％)，基体脉体之间界线很不清楚。典型构造为片麻状构造，也可有条带-条痕状构造或眼球状构造。可见暗色矿物在岩石中呈定向排列，但这些暗色矿物并不一定是原岩矿物的残余。

实习十一　古生物化石及博物馆参观

一、目的与要求

(1)观察常见的古生物化石标本。
(2)了解常见化石的基本构造及主要识别特征。
(3)参观博物馆,了解相关的古生物化石知识。

二、实习用品

放大镜、三角板、H铅笔。

三、内容

(1)观察三叶虫、笔石、腕足类、鹦鹉螺类、菊石类、双壳类、珊瑚等化石。
(2)参观博物馆,了解澄江动物群、关岭动物群和热河动物群的主要代表性化石。

四、注意事项

(1)观察实物标本时,应注意与教材中各类化石的基本构造相对照。
(2)了解澄江动物群、关岭动物群和热河动物群的地质意义。

五、作业

(1)描述三叶虫、腕足类、菊石类和双壳类代表性化石,并画出所观察各化石的简略素描图,在图上标明各主要部位的名称。

(2)参观博物馆,举出3种属于热河动物群的化石,写出其名称及主要特征。

(3)试说明恐龙和鸟类的演化关系。

教学参考资料

1. 三叶虫

三叶虫(图1-29)身体扁平、分节,背覆坚固的甲壳(背甲),背甲呈长卵形状或椭圆形。背甲上有两条纵向延伸的背沟。由两条背沟将背甲纵分为中部的轴叶和两侧的肋叶。背甲的横向构造分为:头甲、胸甲、尾甲三部分。化石多为头甲和尾甲。头甲中部具纵向突出的头鞍;尾甲上具尾轴、尾肋和尾刺。

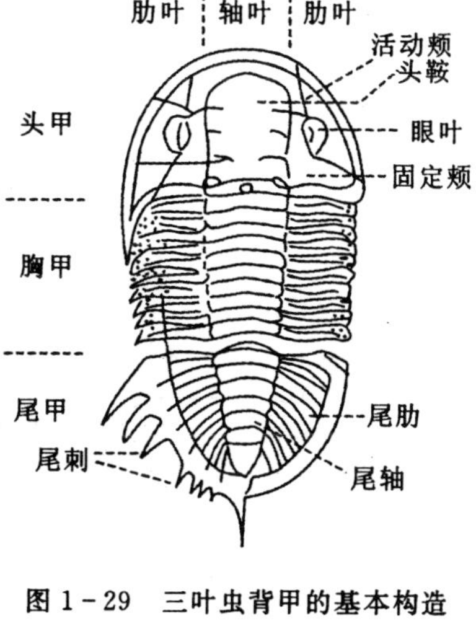

图1-29　三叶虫背甲的基本构造

2. 笔石

笔石体由若干条笔石枝组成。笔石枝压扁后保存在岩层上如象形文字(故名)。笔石枝由许多排列成一条的胞管组成。胞管上部生活着笔石软体。

3. 腕足

腕足(图 1-30)软体外披两瓣大小不等的硬壳,较大的壳为腹壳,较小的壳为背壳。两壳各自左右对称。两壳最先长成的尖端部分称壳喙。腹壳喙与背壳喙之间为基孔,是肉茎伸出的地方。腕足通过肉茎固着于海底生活。茎孔及壳喙均位于壳体的后方,相对应的一边为前方。壳体前部中央常存在隆起和凹槽,称中隆或中槽。一般背壳为中隆,腹壳为中槽。壳表面常有同心状或放射状纹饰。

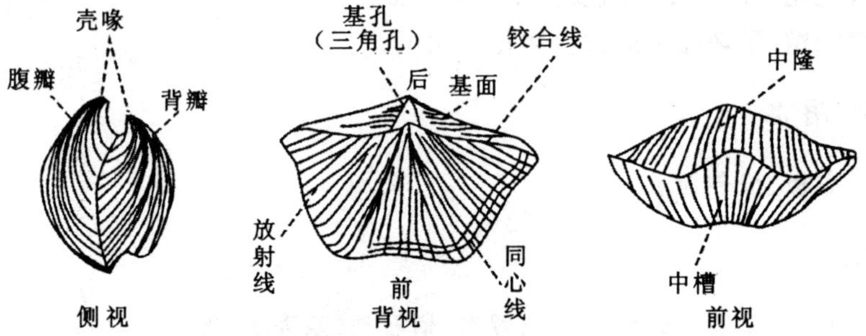

图 1-30 腕足动物外部构造及定向

4. 鹦鹉螺类和菊石类

最先生长的壳体部分为胎壳,位于壳体后方。壳体内具有若干个横向隔壁,将壳体分为若干房室。最前方具壳口的房室为住室,是软体居住的地方;其他各室为气室,充有气体,起漂浮作用。横向隔壁周缘与壳体内壁接触的界线为缝合线。壳体内贯穿各室的纵向中央通道为体管。鹦鹉螺类壳体多呈直锥形,菊石类壳体多呈平旋形。二者的其他构造基本类似。

5. 双壳类

双壳类(图 1-31)具两个钙质外壳。两壳通常大小、形状一致,二壳对称。每壳的前后两侧不相同,即各壳本身不对称。两壳最先长成的尖端部分称壳喙。壳喙所在一侧称背部,另一侧称腹部。壳喙附近两壳接合部位发育有齿系。齿系由齿和齿窝组成,二者相互咬合。壳表覆有同心状或放射状纹饰。

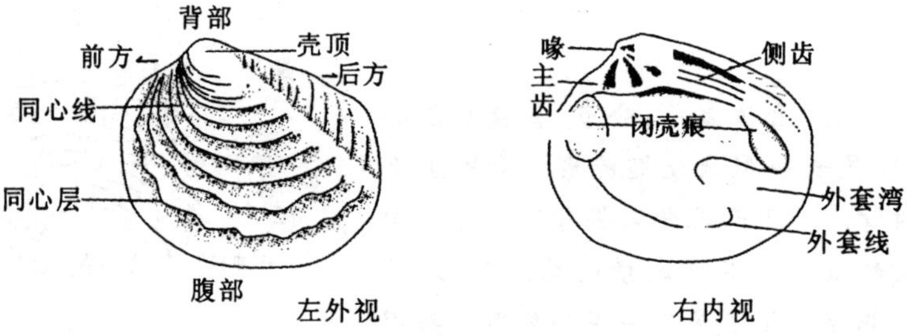

图 1-31 双壳类外壳的基本构造

6. 四射珊瑚

四射珊瑚有单体(每个珊瑚虫独立生活)和群体(多个珊瑚虫呈紧密排列的块状或彼此分离而部分相连的丛状)两种类型。单体内具纵列构造(纵向隔壁),在横断面上隔壁呈放射状排列。横列构造主要有横板和鳞板。鳞板位于横板与壳壁之间,呈向上拱曲的鱼鳞状。

实习十二　地层划分与对比

一、目的与要求

(1)分清岩石地层单位与年代地层单位的概念。

(2)初步学会对地层剖面进行系、统和组的划分。

(3)初步掌握统的对比。

二、实习图件及用品

(1)附图Ⅰ-2、Ⅰ-3。

(2)H铅笔、橡皮、三角板;

三、内容

1.对湖北宜昌剖面进行组的划分(附图Ⅰ-2)

(1)从下而上由老到新阅读剖面资料,了解各层的沉积相特征(包括岩性特征、沉积特征和古生物特征)、厚度和接触关系;

(2)依据“组”的特征,综合考虑沉积环境演化的阶段性、接触关系和厚度,对该剖面进行组的划分;

(3)划分出若干组后,自下而上对组进行编号。

2.对湖北宜昌剖面的南华系—寒武系进行划分(附图Ⅰ-2)

(1)根据标准化石时代资料确定南华系与下伏地层、震旦系与南华系、寒武系与震旦系、中寒武统与下寒武统、奥陶系与寒武系的界线。

(2)根据上、下地层层位和地层的接触关系,判断宜昌剖面是否存在上寒武统和下震旦统,如果存在,确定其顶、底界线。

3.对湖北宜昌、秭归及山东张夏剖面进行统的对比(附图Ⅰ-3)

(1)根据标准化石时代资料对每个剖面进行统的划分,确定统间界线位置,在剖面图左侧标明统的时代代号。

(2)用虚线连接各剖面中对应统之间的界线。如果剖面缺失某些地层,则采取上下虚线尖灭的方法连接。

四、注意事项

(1)组和统的划分依据不同。其界线不一定对应,如湖北宜昌剖面的第10层,因含小壳动物化石,其时代为早寒武世,故应划入下寒武统,但其岩性特征与下伏层近一致,故应与下伏层合并建组。

(2)组内不应存在长期的沉积间断,因而同一组内不应有不整合接触关系,不整合接触界面应为组或群的界面。

(3)统的对比时，对比线应是两个不同统之间的等时线，湖北秭归、宜昌剖面中，下寒武统和上震旦统的界线应在小壳动物化石层之下，不要将对比线画在该层之上的不整合界线上。

五、作业

(1)完成湖北宜昌南华系-寒武系地层柱状剖面图(附图Ⅰ-2)。

(2)完成湖北秭归、宜昌、山东张夏统的地层对比图(附图Ⅰ-3)。

教学参考资料

地质年代　系指地质体形成或地质事件发生的时代，包括相对年代(地质体形成或地质事件发生的先后顺序)和绝对年龄(地质体形成或地质事件发生距今有多少年)。

年代地层单位　是在特定的地质时间间隔内形成的地层体，这种单位代表地史中一定时间范围内形成的全部地层，而且只代表这段时间内形成的地层。每个年代地层单位都有严格对应的地质年代单位。年代地层单位自高而低可以分为宇、界、系、统、阶、时带，它们和地质年代单位的宙、代、纪、世、期、时相对应。

岩石地层单位　由岩性相对一致或相近的岩层组成，或为一套岩性复杂的岩层，但可以和相邻岩性相对简单的地层相区别。除此之外，一个岩石地层单位应有相对稳定的地层结构。岩石地层单位包括群、组、段、层4级单位。组是岩石地层单位系统的基本单位。是具有相对一致的岩性和具有一定结构类型的地层体。组的内部结构也应有一致性，内部不分段的组为一种结构类型，内部分段的组可有多种结构类型。组的顶底界线明显，它们可以是不整合界线，也可以是标志明显的整合界线，但组内不能有不整合界线。

地层的接触关系　是地层的重要物质属性之一。它在识别地层结构、划分地层单位中具有重要作用。常见的地层接触关系包括两大类：一是不整合接触，二是整合接触。不整合接触关系包括角度不整合、非整合、假整合(平行不整合)。整合接触关系包括连续和小间断等类型。

地层划分的依据　主要有岩石学特征、生物学特征、地层结构、地层的厚度和体态、地层的接触关系和其他属性(如地层的磁性特征、电阻率和自然电位、矿物特征等)。

地层划分、对比的原则和方法　地层划分是依据不同的地层物质属性将相似和接近的地层组构成不同的地层单位；地层对比是将不同地区的地层进行空间对比和延伸。地层划分对比主要方法有：岩石学的方法(岩性组合法、标志层法和地层结构对比法)、生物地层方法(标准化石法、化石组合法)、构造运动面方法、同位素年龄测定法以及磁性地层对比法等。

南华系(Nh)　属于上元古界，上为震旦系所覆。2000年第三届全国地层会议决定新建立的一个“系”级地层单位，其范畴基本上为原震旦系下统，分为上、下二统，地质年代为680～800Ma。湖北宜昌剖面只见下统莲沱组和上统南沱组(冰碛岩)。

实习十三　认识地质图、作地形剖面图和地质剖面图

一、目的与要求

(1)认识地质图、地质剖面图和地层柱状图。

(2)了解地质图内容,掌握读图方法。

(3)认识水平岩层、倾斜岩层和不整合面在地质图上的表现特征。

(4)学习绘制简单的地形剖面图和地质剖面图。

二、实习图件和用具

(1)正式出版的1∶25万或1∶5万地质图。

(2)《龙虎山地形图》(附图Ⅰ-4),《凌河地形地质图》(附图Ⅰ-5)。

(3)三角板、H铅笔、橡皮。

三、内容

1.认识地质图、地质剖面图和地层柱状图,学习阅读地质图

地质图是用规定的符号、颜色、花纹将地壳某部分地质组成、地质现象,按比例投影到平面(地形图)上的图件。阅读地质图的顺序是:先图外,后图内;先地形,后地质;先整体,后局部;先略读,后详读。具体内容如下:

(1)读图名、比例尺,了解图的地理位置,图的类型,推算图幅面积和工作详细程度。

(2)读图例,了解图内地层、岩石、构造发育情况。

(3)读地形等高线,了解图内地形地势,帮助认识地层、岩石、地貌与构造之间关系。

(4)概读地质内容,了解图内地层、三大岩分布、构造特征。

(5)重点详读,对重点相关地区,进行有针对性详读,并做适当记录。

(6)边读边对照,即在读地质图时,要对照综合地层柱状图、剖面图和图例,这样才能加深理解。

2.认识水平岩层、倾斜岩层和不整合面在地质图上的表现特征

水平岩层在地面和地质图上的表现特征:地质界线与地形等高线平行或重合。

倾斜岩层在大比例尺地质图上表现最明显的是地质界线与地形等高线相交,在山脊和沟谷处弯曲成为“V”字形,并且有一定的规律,即所谓“V”字形法则。

3.绘制地形剖面图

(1)绘制垂直比例尺;

(2)按垂直比例尺投影等高线与剖面交点;

(3)用圆滑的曲线连接各点。

四、注意事项

(1)注意编制地形剖面图和地质剖面图步骤。
(2)注意水平比例尺和垂直比例尺的一致性。
(3)注意写明图名、方向、图例、比例尺、主要村庄、河流与地名。

五、作业

(1)在《龙虎山地形图》(附图Ⅰ-4)上,作过A—B点地形剖面图。
(2)在《凌河地形地质图》(附图Ⅰ-5)上,作过A—B点地质剖面图。

教学参考资料

1.基本概念

1)地质图

地质图是用规定的符号、颜色、花纹(附录Ⅰ、Ⅱ、Ⅲ)将地壳某部分地质组成、地质现象,按比例投影到平面(地形图)上的图件。一幅正规的地质图应有图名、比例尺、图例、编图单位和编图日期等。完整的地质图包括地质图、综合地层柱状图和剖面图三部分。在一般情况下,综合地层柱状图位于地质图左边,剖面图位于地质图下边,而图例位于地质图右边。

图名　图名常用整齐美观的大字书写(或印刷)。图名要表明图幅所在地区和图的类型,如《北京西山地质图》、《四川省大地构造图》等。正规的地质图名称应有图幅号和图幅名,如《中华人民共和国地质图》G50E004010(棠阴镇幅)、《中华人民共和国地质图》I48C001001(临夏市幅)。

比例尺　比例尺可以表明图幅反映实际地质情况的详细程度。比例尺主要有数字比例尺和线条比例尺两种类型。

图例　图例是一张地质图不可缺少的部分,不同类型的地质图有不同的图例。一般地质图图例是用各种规定的颜色和符号来表明岩石的时代和性质。图例的顺序是自上而下地层、岩浆岩由新到老的排列。图例中的构造符号放在所有地层、岩石图例的下面。

图框外上方要注明编图单位和编图日期,下方注明编图单位负责人及编图人。如根据许多材料综合编成的地质图,要在图框外右下方注上引用的资料(如地质图等),以及这些资料的编者、出版单位和出版日期。

2)地质剖面图

地质图所反映的是平面上地质现象,而剖面图则反映的是地下或一定深度的地质现象。剖面图是用规定的符号、花纹和颜色(附录Ⅱ、Ⅲ),按一定的比例、沿一定的方向表示一定距离内地下一定深度的地质现象的图件。根据测制方法不同可分为实测剖面图、路线剖面图和图切剖面图,前二者在室外测制,而后者从地质图上切绘,故又称图切剖面图。剖面图应有和地质图一致的垂直和水平比例尺。地层产状平缓地区,剖面图的垂直比例尺需要放大,那么必须在剖面图上注明水平比例尺和垂直比例尺。剖面图如单独绘出时,需要有图名、图例,并且应该与地质图图例的颜色、代号一致。

3)地层柱状图

一份正式的地质报告与地质图上,应该附有全区的综合地层柱状图。柱状图可以附在地质图的左边，也可以画在另一张纸上。比例尺视情况而定，一般要大于地质图的比例尺。柱状图应有图名，如果是综合较大区域作出来的，则叫《××地区综合地层柱状图》。

柱状图中的地层要按照从老到新的顺序往上画，在绘制过程中要考虑到不整合和火成岩体侵入的关系，必须要把这些重要的现象正确地表示在图上(也有只画地层，不画侵入岩体)。

在时代一栏内分界、系、统、阶(组)4格，或按地区性地层单位加上群、组、段，以取代“阶”。

地层代号一栏内除了要写上文字符号，还要按国际色谱染上颜色(或统一规定的色谱)。

岩性描述栏中，只描述岩石最主要特征。如岩石名称、颜色、颗粒大小、成分以及其他突出的特点等。如果有火成岩侵入，就应该在其相当的时代位置上加以描述。

化石栏中对化石的描述要用拉丁文写出属名、种名。此外还可以描写化石的保存特点。

地貌及水文地质栏可以合并，也可以分开。地貌主要描述不同岩石经受外力地质作用后在地面上的表现，如石灰岩造成岩溶地貌、石英砂岩造成陡崖等。水文地质栏内是叙述岩石的水文地质性质，如含水层、不透水层等。用蓝色表示含水层的存在，并将厚度注明。

矿产一栏中把各种矿产及有开采价值的岩石写出，并注明矿产、层位、厚度及用途等。

柱状图一般分为以上几栏，也可根据全区的地质特点和工作任务，内容中作适当的增加或减少。

2. 水平岩层、倾斜岩层和不整合面在地质图上的表现特征

1)水平岩层

水平岩层在地面和地质图上的表现特征：地质界线与地形等高线平行或重合。在岩层未发生倒转情况下，老地层出露在低处，新地层出露在高处。岩层露头宽度受岩层厚度和地面坡度影响，在地面坡度不变情况下，厚度越大，露头宽度也越大；在厚度不变情况下，坡度越小，露头宽度越大；在陡崖处，水平岩层顶面和底面地质界线重合，露头宽度为零，水平岩层的顶、底面界线的标高差就是该岩层的厚度。

2)倾斜岩层

倾斜岩层在大比例尺地质图上表现最明显的是地质界线与地形等高线相交，在山脊和沟谷处弯曲成为“V”字形，并且有一定的规律，即所谓“V”字形法则。

①岩层倾向和地面坡向相反时，地质界线“V”字形尖端和等高线突出方向一致(即：相反相同)，但地质界线形态更为宽阔(图1-32,a)。

②岩层倾向与地面坡向相同时的两种情况：

a. 岩层倾角大于地面坡角，地质界线“V”字形尖端和等高线突出方向相反(即：相同相反)(图1-32,b)；

b. 岩层倾角小于地面坡角，地质界线“V”字形尖端和等高线突出方向相同(即：相同相同)，但地质界线形态更为狭窄(图1-32,c)。

上述三种情况，反映出倾斜岩层地质界线形态主要由岩层倾角大小以及岩层倾向和地面坡向关系这几个因素决定。掌握这一规律有助于建立岩层产状立体形态和岩层露头投影形态关系的概念，对填绘和阅读大、中比例尺地质图很重要。

3)不整合在地质图上的特征

①平行不整合：在平面和剖面上，平行不整合都表现为上、下地层界线在较大范围内平行展布，岩层产状基本一致，但时代不连续，其间缺失地层。

②角度不整合：在平面和剖面上，不整合面上、下地层产状相切。在平面上新地层走向与

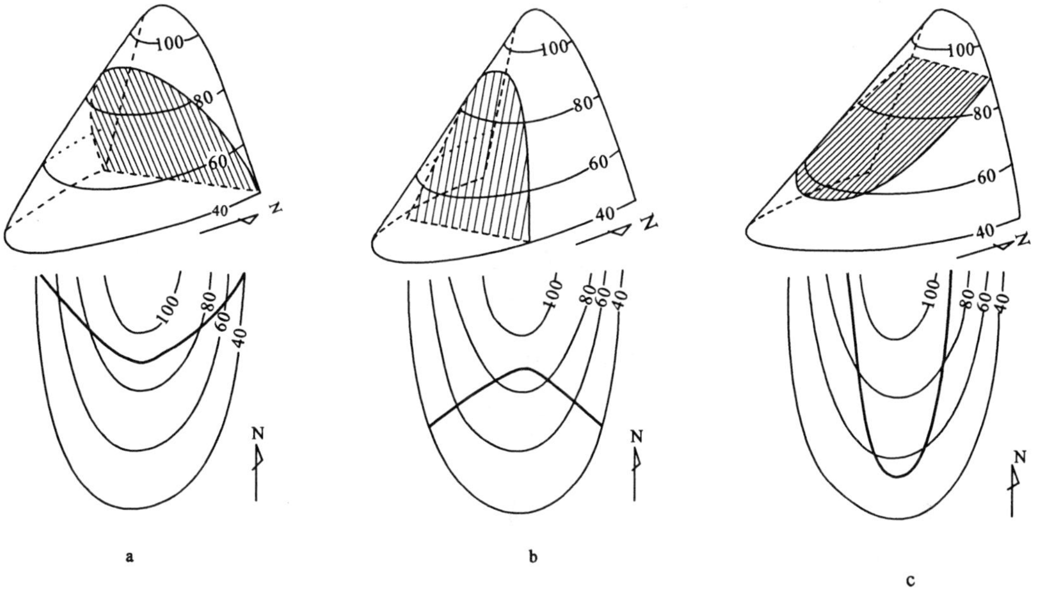

图 1－32　倾斜岩层在地质图上的表现特征

a. 岩层倾向与地面坡向相反(相反相同)；b. 岩层倾向与地面坡向一致，岩层倾角大于地面坡角(相同相反)；

c. 岩层倾向与地面坡向一致，岩层倾角小于地面坡角(相同相同)

不整合线大体一致，老地层被不整合线斜切，剖面图上二者斜交(图 1－33 右)。但当新、老地层走向一致而倾角不同时，在平面上二者走向平行，剖面图上二者斜交(图 1－33 左)。

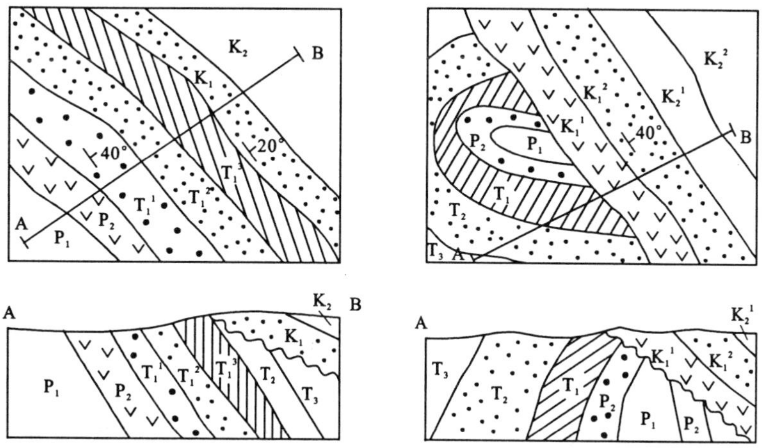

图 1－33　角度不整合在地质图上的表现

上—平面图；下—剖面图

3. 地质剖面图的编制步骤与方法

1)选择剖面线

剖面线应尽量垂直地层走向，垂直构造线方向，通过地层出露最全、构造最清楚部位。本次实习中，剖面线已选好。

2)确定基线

根据剖面上地形起伏特点，确定剖面下部基线，即确定所要反映的深度。

3)投绘地形剖面线

利用坐标纸和三角板，将剖面线经过的高程点一一投到坐标纸上，然后用平滑曲线连接各点即得地形剖面图(图 1－34)，并在地形剖面上标出所经过的主要村庄、河流、山峰。

4)投绘地质界线

将各地质界线与图切线交点一一投到地形剖面上(图 1－34)，然后根据图切线上(或附近)岩层产状绘制地质界线，填绘岩性花纹、时代代号或颜色。

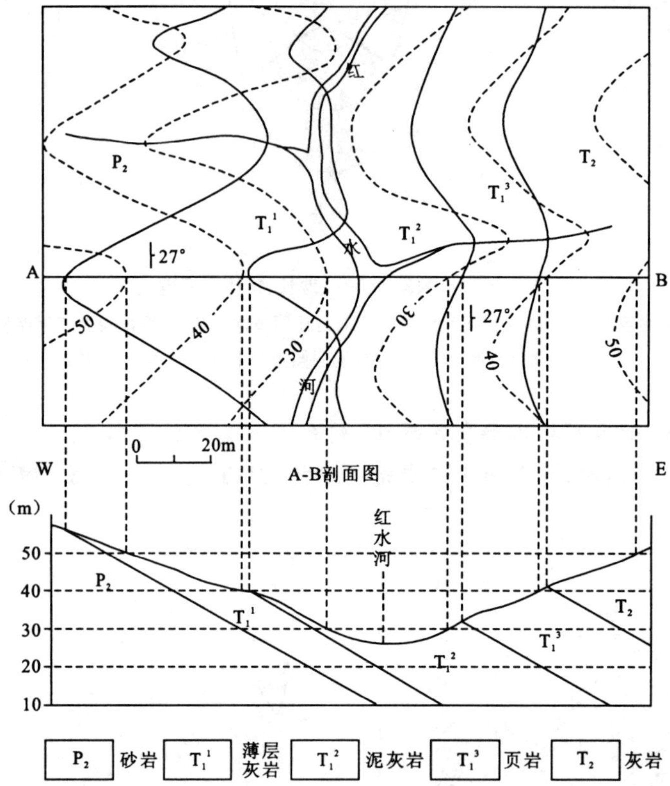

图 1－34　投绘地形剖面线及地质界线示意图

(红水河地形地质图)

5)整饰图件

写上图名，标出方向，画出图例，进行必要整饰，做到准确、合理、清晰、美观。

在实际工作中，经常有剖面线与岩层走向或断层走向斜交，这时应将真倾角转换成视倾角再绘出。真、视倾角关系式如下：

$$\mathrm{tg}\beta = \mathrm{tg}\alpha \cdot \cos\omega$$

式中，α——真倾角；

β——视倾角；

ω——倾向与剖面线夹角。

实习十四　读褶皱地区地质图并作地质剖面

一、目的与要求

(1)初步掌握阅读褶皱地区地质图的步骤和方法。

(2)学会从地质图上认识、分析褶皱的形态、组合特征及形成时代。

(3)学会编制褶皱发育地区地质图的图切剖面。

(4)学习描述褶皱。

二、实习图件及用具

(1)三角板、量角器、H 铅笔。

(2)暮云岭地质图(附图Ⅰ-6)。

三、内容

1. 读褶皱发育地区地质图,分析褶皱形态

分析褶皱发育地区地质图,首先要确定背斜和向斜,进而再分析褶皱形态、组合类型及形成时代。分析时,除遵循一般的读图方法外,具体步骤可从以下几方面着手,但对于不同类型的褶皱其重点又有所不同。

1)确定褶皱类型

根据地层的对称重复以及地层新老关系和产状区分褶皱基本类型。背斜核部为老地层,两翼依次为新地层;向斜核部为新地层,两翼依次为老地层。

2)确定两翼产状

根据褶皱两翼产状及其变化,确定轴面和枢纽产状。两翼产状可从地质图上直接读出。在大比例尺的地形地质图上,两翼产状也可根据地质界线与等高线的关系求出。

3)判断轴面产状

根据两翼的倾向、倾角大致判断轴面产状。若两翼倾向相反、倾角近相等,表示轴面直立;如两翼倾角不等,轴面是倾斜的。在斜歪和倒转褶皱中,背斜的轴面均与缓翼倾向一致。

4)枢纽产状的确定

当地形近平坦褶皱两翼平行延伸,表示两翼岩层走向平行一致,褶皱枢纽是水平的;如两翼岩层走向不平行,两翼同一岩层界线交会或呈弧形弯曲,说明该褶皱枢纽是倾伏的。背斜两翼同一岩层地质界线交会的弯曲尖端指向枢纽倾伏方向;向斜两翼同一岩层地质界线交会的弯曲尖端指向仰起方向(图 1-35)。另外,沿褶皱延伸方向核部地层出露的宽窄变化,也能反映出枢纽的产状。核部变窄的方向是背斜枢纽倾伏方向,或为向斜枢纽仰起方向。

在地形起伏很大的大比例尺地质图上,褶皱岩层界线受"V"字形法则的影响,岩层界线弯曲不一定反映枢纽起伏。枢纽水平的褶皱,会因地形起伏的影响,表现出两翼交会。此时要从

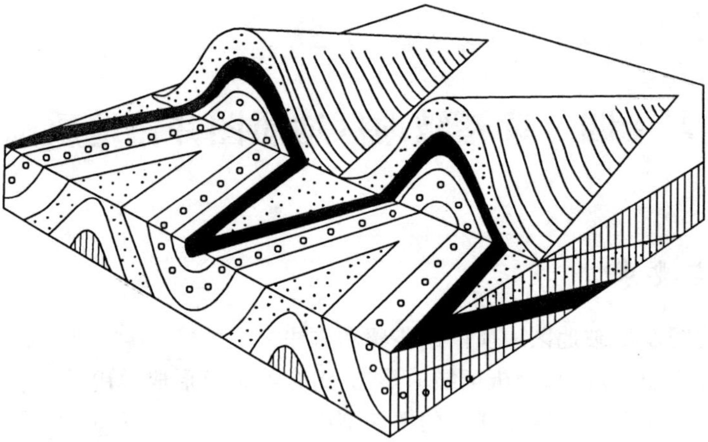

图 1 - 35 倾伏背斜和向斜

褶皱两翼产状、褶皱岩层界线分布形态与岩层产状和地形的关系等方面综合起来分析才能正确认识枢纽产状。

5)认识转折端形态

在地形较平坦的地质图上，褶皱倾伏处(或扬起处)的轮廓大致反映褶皱转折端的形态。

6)翼间角和褶皱紧闭程度的判定

根据两翼岩层的倾向与倾角，可大致地估测出翼间角的大小，再据其翼间角的大小对褶皱紧闭程度作出定性描述。

7)轴迹和平面轮廓的确定

将褶皱各相邻岩层的倾伏端点(或扬起端点)连线，即是轴迹。轴迹所示方向表示褶皱的延伸方向，轴迹的长短表示褶皱在平面上的大小，按褶皱两翼同一岩层的出露线沿轴迹方向的长度与垂直轴迹方向的宽度之比，即褶皱的长、宽比，可将褶皱分为线型、短轴型和等轴型三种类型。

8)褶皱形成时期的确定

主要根据地层间的角度不整合接触关系来确定褶皱的形成时代。不整合面以下褶皱岩层最新地层时代之后与不整合面以上最老地层时代之前为褶皱形成时代。

2.绘制褶皱发育地区地质图的图切剖面的方法和步骤

褶皱剖面有横剖面(铅直剖面)和正交剖面(横截面)。这里只说明横剖面的编制方法。

1)选择剖面线

剖面线应尽量垂直褶皱走向，并通过全区主要构造。

2)标出剖面线所通过的褶皱位置

背斜用“∧”、向斜用“∨”符号表示。要把次一级褶皱轴迹延长与剖面相交，用同样方法算出次一级褶皱位置(图 1 - 36)。

3)绘制地形剖面

4)绘出褶皱形态

将剖面线上的地质界线和褶皱轴迹的交点投影到地形剖面上，在投地质界线点和画褶皱构造时应注意以下几点:①剖面切过不整合面和第四系时,先画不整合面以上的地层和构造,然后再画不整合面以下地质界线。其画法是:在地质图上把不整合面以下的岩层分界线按其延伸趋势延伸至剖面线上相交于某点(图 1-36 中的 M 点),将此点投影于不整合面得一交点,从此点绘出不整合面以下地层的界线和构造。②剖面线切过断层时,先画断层,然后再画断层两侧的地层和构造。③剖面线与地层走向斜交时,应将岩层倾角换算成视倾角。④作图顺序应从褶皱核部开始,依次绘出两翼上各层,如各层倾角相差较大时,应使岩层厚度保持不变而调整局部产状,使之逐渐过渡与主要产状协调一致(图 1-37)。

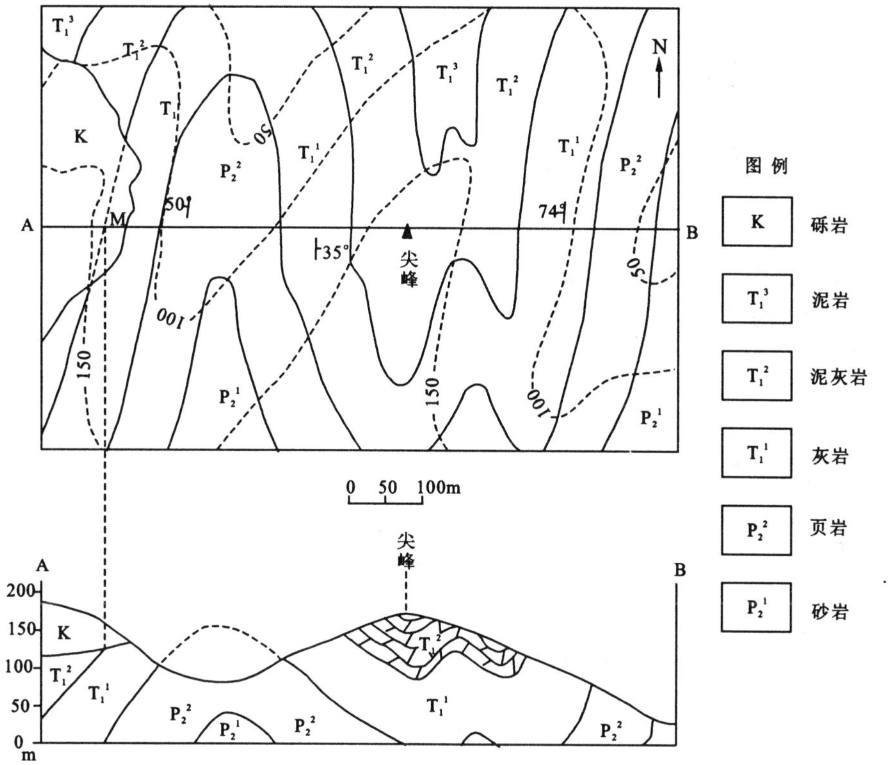

图 1-36 褶皱构造剖面图绘制过程示意图

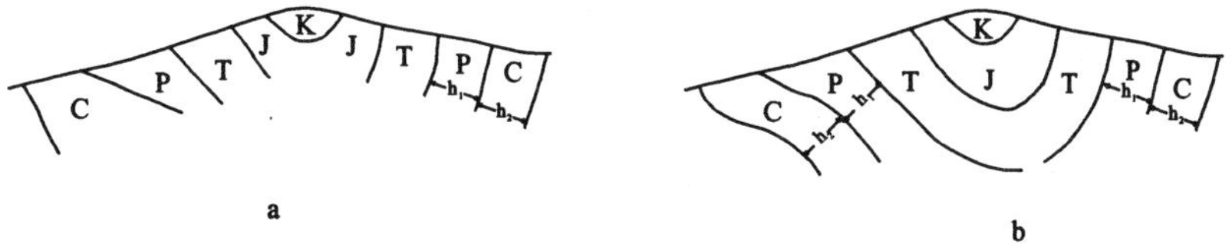

图 1-37 根据同一层厚度校同翼岩层产状

a. 校正前;b. 校正后

5)恢复褶皱转折端的形态

在平行褶皱中,岩层厚度在整个褶皱中保持不变;在相似褶皱中,转折端处岩层应有所加厚。褶皱转折端是圆滑或尖棱,应根据其在地质图上表现的形态近似地确定。至于转折端深部的位置，如为轴面直立褶皱，应根据枢纽倾伏角作纵向切面，求出到所作剖面处核部地层枢纽的深度，然后结合两翼倾角和枢纽位置绘出转折端。在一般情况下，转折端深部位置可根据两翼产状和褶皱形态作合理的推测。

6)求轴面产状

在褶皱剖面绘好之后，可在图上求轴面产状(转折端的平分线即轴面)，也可用两翼同一层面产状计算，若为两翼正常的褶皱：

$$A=90°-(b-a)/2$$

若一翼倒转，另一翼正常：

$$A=(b'+a)/2$$

式中，A——轴面倾角；

a、b——正常翼倾角($a<b$)；

b'——倒转翼倾角。

3. 褶皱的描述

褶皱描述包括以下内容：褶皱名称(地名加褶皱类型)、位置、规模(出露长度、宽度)、轴线方向、核部地层、两翼地层及产状、轴面产状、枢纽延伸方向(倾伏或仰起)、转折端形态、次级褶皱发育情况、褶皱的完整性与后期破坏情况及褶皱形成时代等。

现举暮云岭背斜(附图Ⅰ-6)为例描述如下：

暮云岭背斜位于图幅中西部暮云岭一带，呈 NE—SW 向延伸；核部由下石炭统组成，宽约 500m，长约 2750m；平面上呈不规则的长椭圆形，长宽比约为 5∶1，近线形背斜；两翼由中、上石炭统及二叠系组成，两翼产状是：315°∠60°～55°，135°∠40°～25°；可见北西翼较陡，南东翼较缓，轴面向南东倾，倾角约 80°；转折端比较圆滑，翼间角约 80°，为开阔褶皱；枢纽向 NE、SW 两端倾伏，中部隆起；背斜向南西一分为二成两个次级背斜，一个次级向斜。总之，本褶皱为一转折端圆滑的斜歪背斜，属褶皱位态分类中的倾伏直立褶皱。背斜的北西和南东两翼与相邻的向斜连接。背斜形成于晚二叠世之后早侏罗世之前。

四、注意事项

(1)剖面切过不整合面和断层时，应先画断层和不整合面，先画不整合面以上地层，再画不整合面以下地层。画褶皱构造时，先从核部开始，逐渐勾绘到翼部。

(2)注意岩层产状的逐渐变化和下延(或上延)过程中的协调性。绘制转折端形态应参考褶皱的平面形态。

(3)第四系厚度很小，一般只有几米至几十米。

五、作业

(1)在《暮云岭地区地形地质图》(附图Ⅰ-6)上，绘制过 A、B 点的地质剖面图。

(2)按“褶皱描述”的要求，用文字描述附图Ⅰ-6 中青岩顶向斜。

实习十五　读断层地区地质图并作地质剖面

一、目的与要求

(1)学会在地质图上分析断层的性质。

(2)学会在地形地质图上求断层产状。

(3)学会作断层发育地区地质剖面图,并用文字描述断层。

二、实习图件及用具

(1)《星岗地区地形地质图》(附图Ⅰ-7)。

(2)三角板、量角器、H铅笔、橡皮。

三、内容

1. 断层特征分析

按照前述读图方法,先了解图中地层、褶皱等发育情况,然后逐步了解和分析断层特征。

1)断层面产状的确定

断层面与岩层界面一样,它在平面上的出露线(断层线)也遵循"V"字形法则。因此断层面(理想的平面状)可根据其在地形地质图上的"V"字形,用作图法求产状(图1-38)。但在自然界中,大多断层面没有岩层面规则稳定,往往成波状起伏,一般不能用作图法求断层面产状。

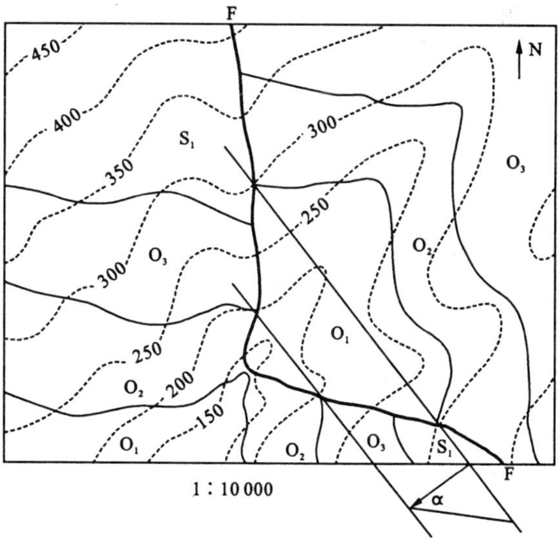

图1-38　求解断层面产状

2)断层两盘运动方向的确定(断层性质的确定)

断层两盘相对升降、平移并经侵蚀夷平后,如两盘处于等高平面上,则露头和地质图上一般表现出以下规律:

①纵断层,一般是地层较老的一盘为上升盘。但当断层倾向与岩层倾向一致,且断层倾角小于岩层倾角,或地层倒转时,则上升盘是新地层。走向断层运动方向主要根据地层的缺失和重复来确定(见教材"走向断层的地层效应"一节)。

②横向或倾向正(或逆)断层切过褶皱时,背斜核部变宽或向斜核部变窄的一盘为上升盘;如为平移断层,则两盘核部宽窄基本不变。

③倾斜岩层或斜歪褶皱被横断层切断时，如果地质图上地层界线或褶皱轴线发生错动，它既可以是正(或逆)断层造成，也可以是平移断层造成，这时应参考其他特征来确定其相对位移方向。若是由正(或逆)断层造成的地质界线错移，则岩层界线向该岩层倾向方向移动的一盘为上升盘。若是褶皱，则向轴面倾斜方向移动的一盘为上升盘。

3)断距的确定

铅直地层断距：如图 1-39 所示，hg 为铅直地层断距，图 1-40 为平面图。过 h、g 作的两条走向线在平面上投影必将重合，因此，在平面图上，只在任一盘上作出一层面在某高程上的走向线，在另一盘与同层面相交，此交点与走向线标高之差即为铅直地层断距。如图 1-40 中 C 点与 AB 高程之差(800－700)＝100m，即为铅直地层断距。

地层断距：即断层两盘所缺失或重复的地层厚度。因每层地层厚度由实测可得，所以，只要知道断层两盘所缺失或重复了哪些地层层位就知道了地层断距。也可在剖面图中直接测量，如图 1-39 中地层断距为 ho。

水平地层断距：对于平移断层常需测量水平断距，即在平面上测量相同点(相同地层)被错开的距离。如图 1-39 中的水平断距为 hf。

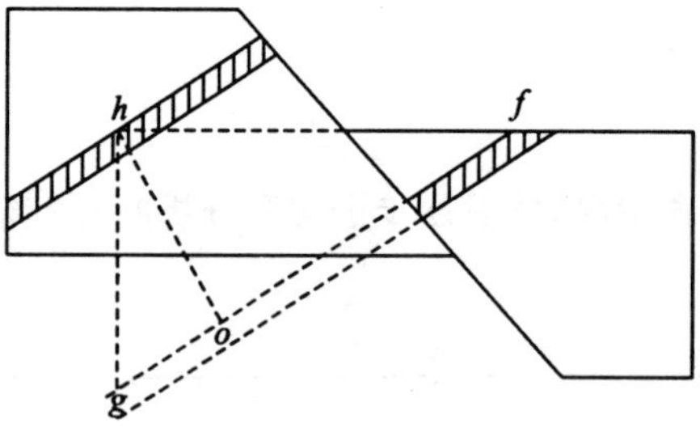

图 1-39　垂直地层走向剖面图

ho—地层断距；hg—铅直地层断距；hf—水平地层断距

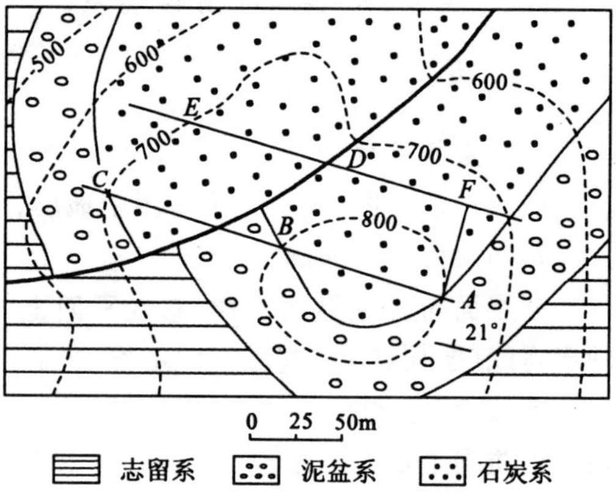

图 1-40　具有断层的地质图

4)断层时代的确定

①断层发生在被错断的最新地层之后；

②如果被覆盖，则断层发生在上覆最老地层之前；

③相互切割的断层，被切割者时代较老。

2. 绘制断层发育地区地质剖面图的方法和步骤

其基本绘法与前述相同，但须注意以下几点：

①当断层被不整合覆盖时，先画不整合面，再画断层，最后绘地质界线。

②当剖面线与断层倾向斜交时，要把真倾角换为视倾角。当断层面直立时，真、视倾角均90°。

③断层线上要注明断层运动方向。

3. 断层的描述

在实际工作中，一般对图内各断层按方向或力学性质等逐一描述。对断层的描述内容包括：断层名称、位置、延伸方向、延伸长度、断层证据(两盘地层的缺失与重复、地质界线不连续等)、断层面产状、运动方向、断层性质、断距大小、形成时代、力学成因等。

四、注意事项

(1)附图Ⅰ-7 中断层 F_3 断面倾角需要计算,倾向要根据"V"字形法则判断。

(2)注意断层面直立时断层在剖面上引起的地层上下错动效应。

五、作业

(1)在《星岗地区地形地质图》(附图Ⅰ-7)上,作过 A、B 点的地质剖面图。

(2)用文字描述附图Ⅰ-7 中的 F_2 断层。

实习十六　绘制构造等值线图

一、目的与要求

(1)学会利用钻孔资料绘制地下深部构造等值线图。

(2)学会分析等值线图所反映的深部构造特点。

二、实习图件及用具

(1)《凉风垭地区地形地质图》(附图Ⅰ-8)。

(2)三角板,量角器,H铅笔。

三、内容

用某一标志层(如煤层)高程等值线来反映地下地质界面起伏的图件称构造等值线图。它直观地反映了地下构造形态,在油田、煤田、矿床勘探等方面具有重要意义。地下信息主要通过钻孔资料获得。

1. 编绘构造等值线图的方法和步骤

1)求标志层标高

所谓标志层是指易于鉴别且能够反映地下构造的某个特定矿层或岩层,且往往是研究隐伏构造的目的层。如果要绘制标志层的等值线图就必需换算出它的各处标高。如图1-41所示,每个钻孔的地面标高减去钻孔的深度即为标志层标高。如A孔标高350m,钻孔深325m,则标志层标高为350m－325m＝25m。如果结果为负值,则说明在海平面以下。

2)标高表示方法

将每点标志层标高写在相应点位上(图1-42),每一钻孔点表示方法为:“$\frac{A}{B}$”(A—孔号,B—标志层标高)。如:“$\frac{5}{55}$”表示为5号孔,标志层标高为55m。

3)分析标志层变化规律

找出层面的最高点或最低点部位,或高程突变位置(可能存在断层),分析层面高程变化趋势,初步确定背斜或向斜以及枢纽轴线或脊线、槽线方位。如图1-43所示,以11号孔为中心,附近各点高程变化特点是,向北西和南东方向变低,向北东方向也逐渐降低,可以判断这是一个枢纽向北东倾伏的背斜,沿钻孔11-9-7的连线应大致是背斜枢纽或脊线的位置。

4)用插入法求等高距点

从最高点(或最低点)开始,向周围距离较短、高差较大的点连线。用透明方格纸作高程差线网,按所规定的等高线距,用内插法求出连线上等高距点。高程差线用法如图1-44所示,2号孔层面标高为65m,3号孔层面标高为82m,二者高差17m。按等高线间距为10m,应在两

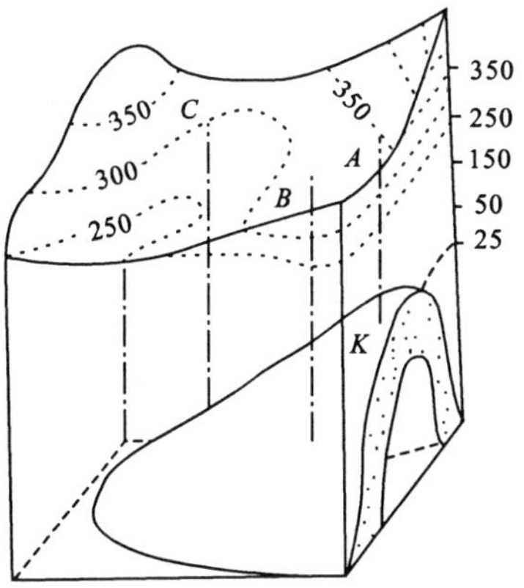

图 1-41　换算层面标高透视图

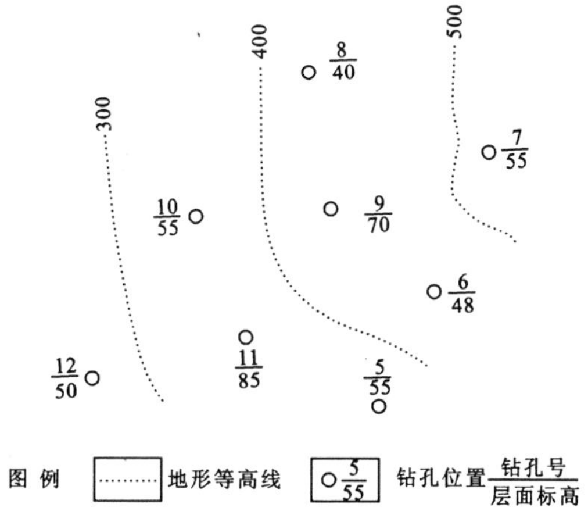

图 1-42　分析标志层层面高程变化特点

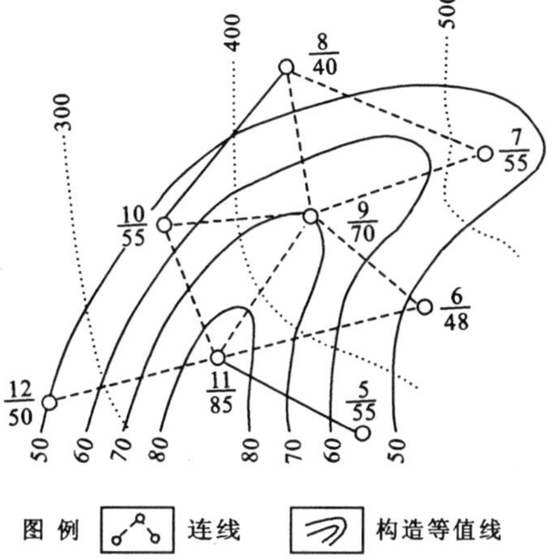

图 1-43　连等高线

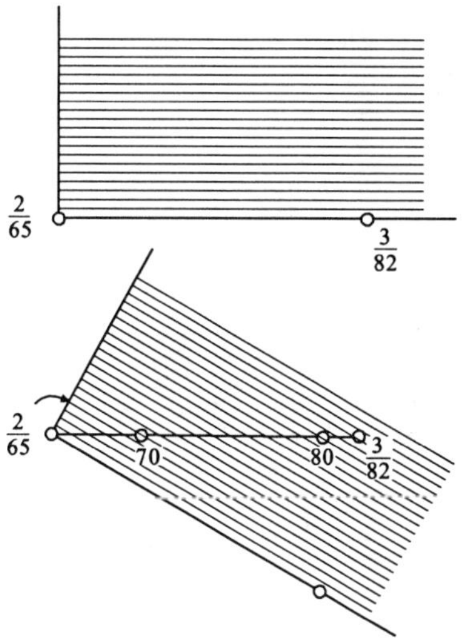

图 1-44　用等高差线网求等值点

孔之间线段上求出 70m 和 80m 两高程点位置。将差线网盖在图上，使其某一基线与 2 号孔吻合，此基线即为 65m，用大头针固定 2 号孔，转动高程差线网，使自基线起算与 3 号孔标高相等的网上的一条线与 3 号孔重合，则等高差线网中相对应的 70m 和 80m 线与 2 号—3 号连线的交点，即为所求的等高线点。

5)连接等值线

以平滑曲线连各等高点即得出等高线图(图 1-45)，连线时应从最高(或最低)线向外依次完成。绘等高线时要注意相邻等高线的形态与之协调，也要注意高程的突变，以免遗漏断层。

2. 构造等值线的分析

1)褶皱构造等值线特征

等值线由中心向四周降低则为背斜或穹窿构造；由中心向四周变高则为向斜或盆地(图 1-45)。

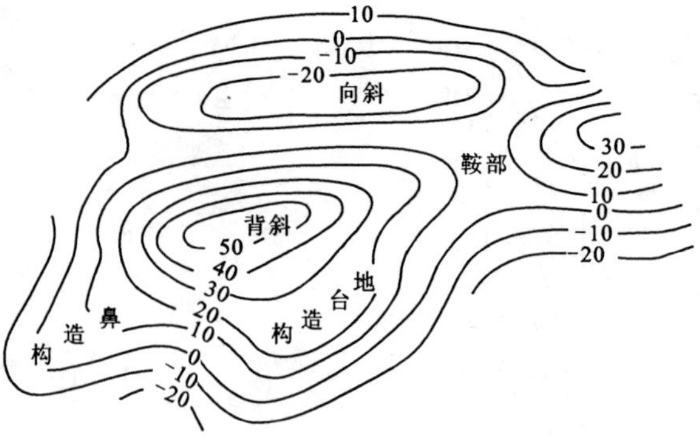

图 1-45 褶皱在构造等值线图上的表现

2)断层构造等值线特征

如果等值线发生突变、错开、重叠或不连续,则为断层构造。等值线“缺失”出现“张口带”者多为正断层,而发生重叠者多为逆断层(图 1-46)。平移断层则引起等值线呈“系统不连续”性错开。

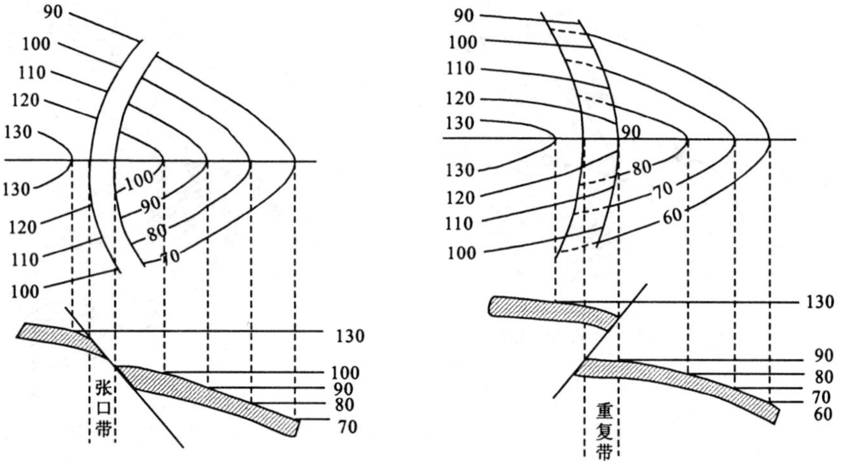

图 1-46 断层在构造等值线图的表现及剖面

3)其他特征分析

等值线密反映产状陡,等值线稀则产状缓,沿轴向或高或低,反映褶皱枢纽的起伏,而断层线的弯曲仍符合“V”字形法则。

四、注意事项

(1)连三角网时只能向最近点相连,不可连得太远。

(2)在多个点高程值相近情况下,需作好仔细分析后再连接(仍需找最高、最低点)。

五、作业

(1)利用《凉风垭地形及钻孔分布图》(附图Ⅰ-8)和所给钻孔深度资料(表 1-17),在附Ⅰ

-8 图上绘制下侏罗统(J_1)煤层顶面的构造等值线图。资料不全者，经过计算再填入表 1-17 内和相应孔位上。

(2)用文字描述构造等值线所反映的构造特征。

表 1-17　凉风垭地区钻孔深度资料

钻孔号	深度(m)	煤层标高(m)	钻孔号	深度(m)	煤层标高(m)
1	180	70	19	205	95
2	195	80	20	196	
3	235	60	21	207	
4	305	40	22	178	
5	249		23	198	
6	210		24	195	
7	170	100	25	220	80
8	190	70	26	200	80
9	200	70	27	207	
10	170	100	28	175	70
11	190		29	155	
12	233	60	30	215	90
13	207	70	31	200	70
14	223	60	32	248	62
15	220	70	33	264	56
16	220	90	34	270	50
17	200	100	35	185	60
18	240	70			

附录Ⅰ　各种地质符号

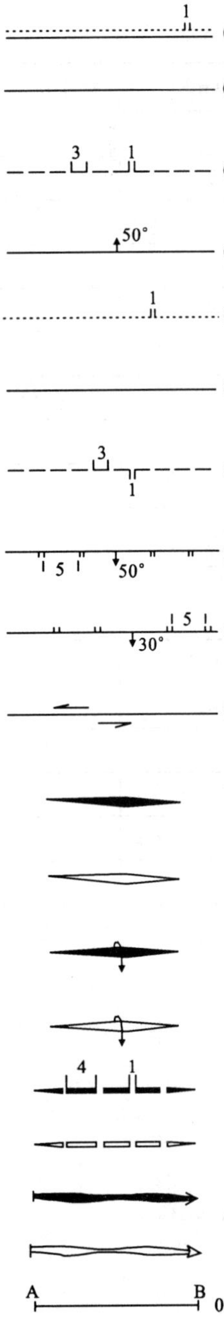

0.1 不整合界线(黑)

0.1 实测地层界线及侵入体接触线(黑)

0.1 推测地层接触界线及侵入体接触线(黑)

0.1 侵入岩围岩接触面产状(箭头指示接触面倾向，数字为倾角)

0.1 岩相分界线

0.3 实测断层线(红)(性质不明)

0.3 推测断层线(红)(性质不明)

0.3 正断层(红)

0.3 逆断层(红)

0.3 平移断层(红)

背斜轴线(轴迹)

向斜轴线(轴迹)

倒转背斜轴线(轴迹)(箭头指向轴面倾向)

倒转向斜轴线(轴迹)(箭头指向轴面倾向)

隐伏背斜轴线(轴迹)

隐伏向斜轴线(轴迹)

背斜枢纽的起伏及倾伏

向斜枢纽的起伏及倾伏

0.3 剖面线

岩层倾向及倾角

水平地层产状(0°~5°)

直立地层产状(箭头指向较新地层)

倒转地层产状(箭头指向倒转后倾向)

片理或片麻理倾向及倾角

穹窿构造

盆地构造

飞来峰

构造窗

注：线段长度及间隔单位均为mm

附录Ⅱ 各种常见岩石花纹图例

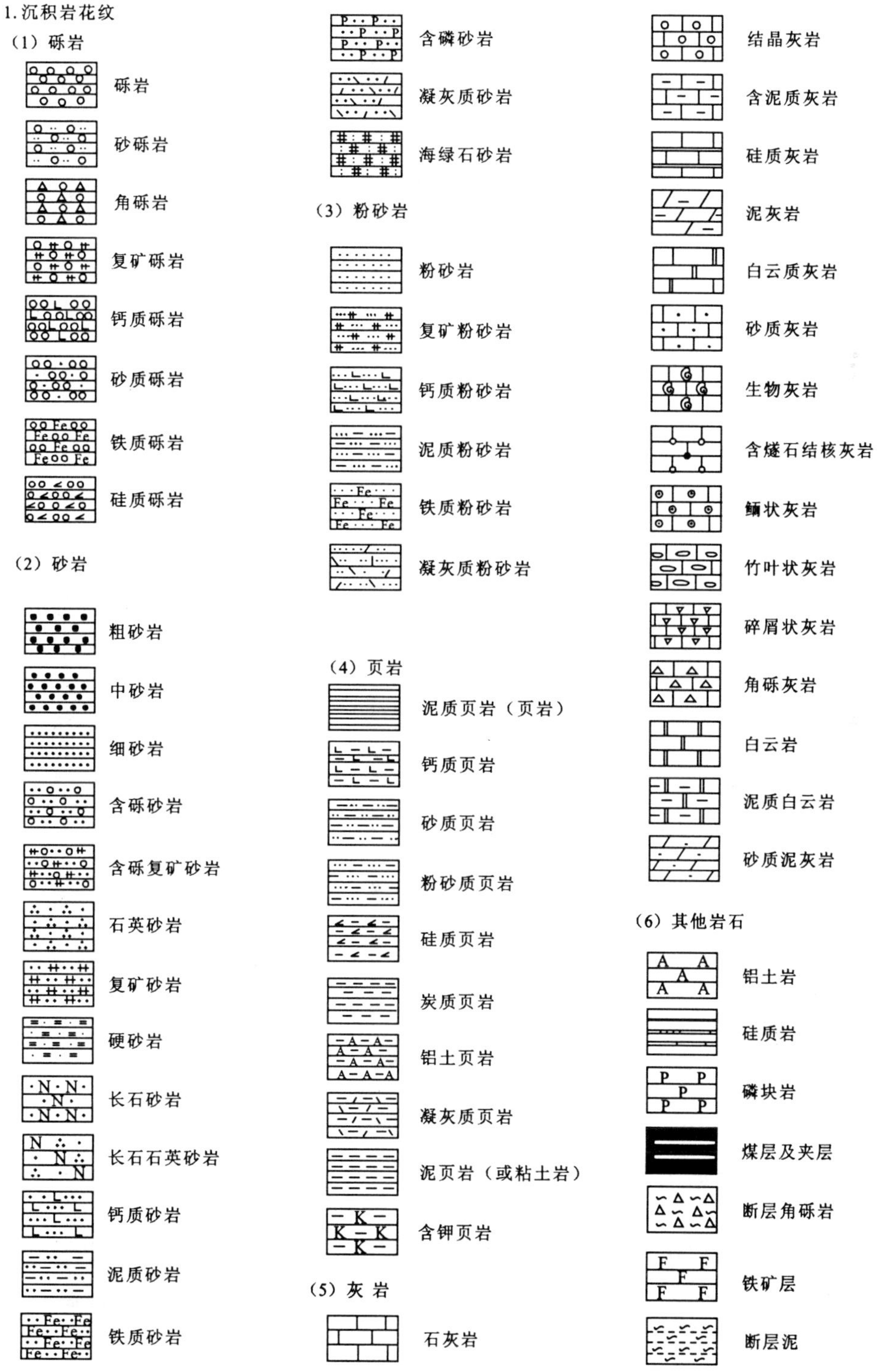

2. 岩浆岩花纹

（1）侵入岩

- 纯橄榄岩
- 橄榄岩
- 辉石岩
- 角闪石岩
- 蛇纹岩
- 辉长岩
- 辉长斑岩（玢岩）
- 斜长岩
- 辉绿岩（玢岩）
- 闪长岩
- 辉石闪长岩
- 角闪闪长岩
- 石英闪长岩
- 闪长斑岩（玢岩）
- 花岗闪长岩
- 斜长花岗岩
- 角闪花岗岩
- 二云母花岗岩
- 白云母花岗岩
- 黑云母花岗岩
- 碱性花岗岩（钾长花岗岩）
- 花岗斑岩
- 白岗岩
- 石英斑岩
- 石英二长岩
- 二长岩
- 二长斑岩
- 花岗正长岩
- 石英正长岩
- 正长岩
- 正长斑岩
- 霞石正长岩
- 霞石正长斑岩
- 霓霞岩

（2）脉岩、矿脉

- 超基性岩（未分）
- 基性岩（未分）
- 中性岩脉
- 细晶岩脉
- 伟晶岩脉
- 云煌岩
- 碱性岩脉
- 玢岩
- 煌斑岩脉
- 辉绿岩
- 矿体（脉）

3.喷出岩花纹

（1）火山碎屑岩

- 超基性喷出岩（以凝灰质为主）
- 基性喷出岩（以凝灰质为主）
- 中性喷出岩（以凝灰质为主）
- 酸性喷出岩（以凝灰质为主）
- 碱性喷出岩（以凝灰质为主）
- 角斑岩
- 细碧岩
- 细碧角斑岩

（2）熔 岩

- 玄武岩
- 杏仁状玄武岩
- 安山玄武岩
- 安山岩
- 安山斑岩
- 安山玢岩
- 英安岩
- 流纹岩
- 流纹斑岩
- 粗面斑岩
- 粗面岩
- 石英斑岩

4.变质岩花纹

（1）区域变质岩

 板岩（未分）

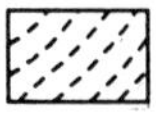 千枚岩（未分）

 片岩（未分）

 矽（硅）质板岩

 钙质板岩

 砂质板岩

 炭质板岩

 千枚状板岩

 石墨片岩

 帘石片岩

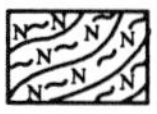 斜长绿泥片岩

 蛇纹石片岩

 绿泥片岩

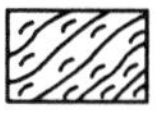 滑石片岩

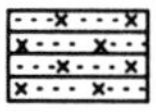 变质砂岩

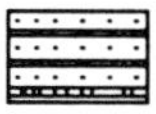 石英岩

 长石石英岩

 角闪岩（未分）

 辉石岩

 片麻岩

 正片麻岩

 副片麻岩

 花岗片麻岩

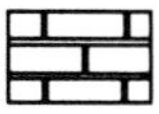 大理岩

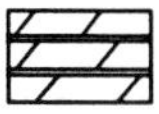 矽（硅）化灰岩

 白云大理岩

 石英片岩

 绢云母石英片岩

（2）混合岩

 条带状混合岩

 角砾状混合岩

 网状混合岩

 眼球状混合岩

 分支混合岩

 肠状混合岩

（3）岩石构造

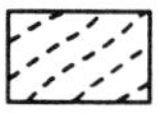 板状、千枚状构造

 片状构造

 片麻状构造

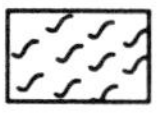 混合岩构造

5.主要岩浆岩代号及色谱

代号	岩石（色谱）
γ	花岗岩（红）
δ	闪长岩（橙红）
ξ	正长岩（橙）
ν	辉长岩（绿）
Ψ_1	辉岩（蓝绿）
σ	橄榄岩（深橄榄色）
λ	流纹岩（朱红）
τ	粗面岩（橙红）
α	安山岩（灰绿）
β	玄武岩（深绿）
β_μ	辉绿岩细碧岩（浅绿）
γ_π	花岗斑岩（大红）

6.岩脉、矿脉符号及色谱

符号	名称（色谱）
q	石英脉（紫）
γ	酸性岩脉（暗红）
l	细晶岩脉（淡红）
ρ	伟晶岩脉（玫瑰红）
σ	中性岩脉（蓝色）
N	基性岩脉（绿）
χ	煌斑岩脉（棕）
μ	玢岩脉（灰绿）
ν	辉长岩脉（绿）
Σ	超基性岩脉（紫）
K	碱性岩脉（橙）
Au	矿脉（代号用元素符号，色用矿种色）

附录Ⅲ　地层代号及色谱

宇（代号）	界（代号）	系（代号）	统（代号）	色谱（色标）	年龄(Ma)
显生宇（PH）	新生界（CZ）	第四系（Q）	全新统（Qh）	淡黄色（601-640）	
			更新统（Qp）		2.6
		新近系（N）	上新统（N_2）	鲜黄色（641-666）	
			中新统（N_1）		23.3
		古近系（E）	渐新统（E_3）	土黄色（641-666）	
			始新统（E_2）		
			古新统（E_1）		65
	中生界（MZ）	白垩系（K）	上统（K_2）	鲜绿色（667-694）	
			下统（K_1）		137
		侏罗系（J）	上统（J_3）	天蓝色（699-738）	
			中统（J_2）		
			下统（J_1）		205
		三叠系（T）	上统（T_3）	绛紫色（743-784）	
			中统（T_2）		
			下统（T_1）		250
	古生界（PZ）	二叠系（P）	上统（P_3）	淡棕色（789-820）	
			中统（P_2）		
			下统（P_1）		295
		石炭系（C）	上统（C_2）	灰色（825-855）	
			下统（C_1）		354
		泥盆系（D）	上统（D_3）	咖啡色（860-907）	
			中统（D_2）		
			下统（D_1）		410
		志留系（S）	顶统（S_4）	果绿色（912-951）	
			上统（S_3）		
			中统（S_2）		
			下统（S_1）		438
		奥陶系（O）	上统（O_3）	蓝绿色（956-988）	
			中统（O_2）		
			下统（O_1）		490
		寒武系（∈）	上统（$\in_3$）	暗绿色（993-1026）	
			中统（$\in_2$）		
			下统（$\in_1$）		543
元古宇（PT）	上元古界（Pt_3）	震旦系（Z）	上统（Z_2）	绛棕色（1031-1080）	
			下统（Z_1）		
					1000
	中元古界（Pt_2）			棕红色（1081-1102）	1800
	下元古界（Pt_1）			（1103-1110）	2500
太古宇（AR）				玫瑰红色（1116-1130）	

附图Ⅰ-1　矿物(或碎屑颗粒、砾石等)标准含量图

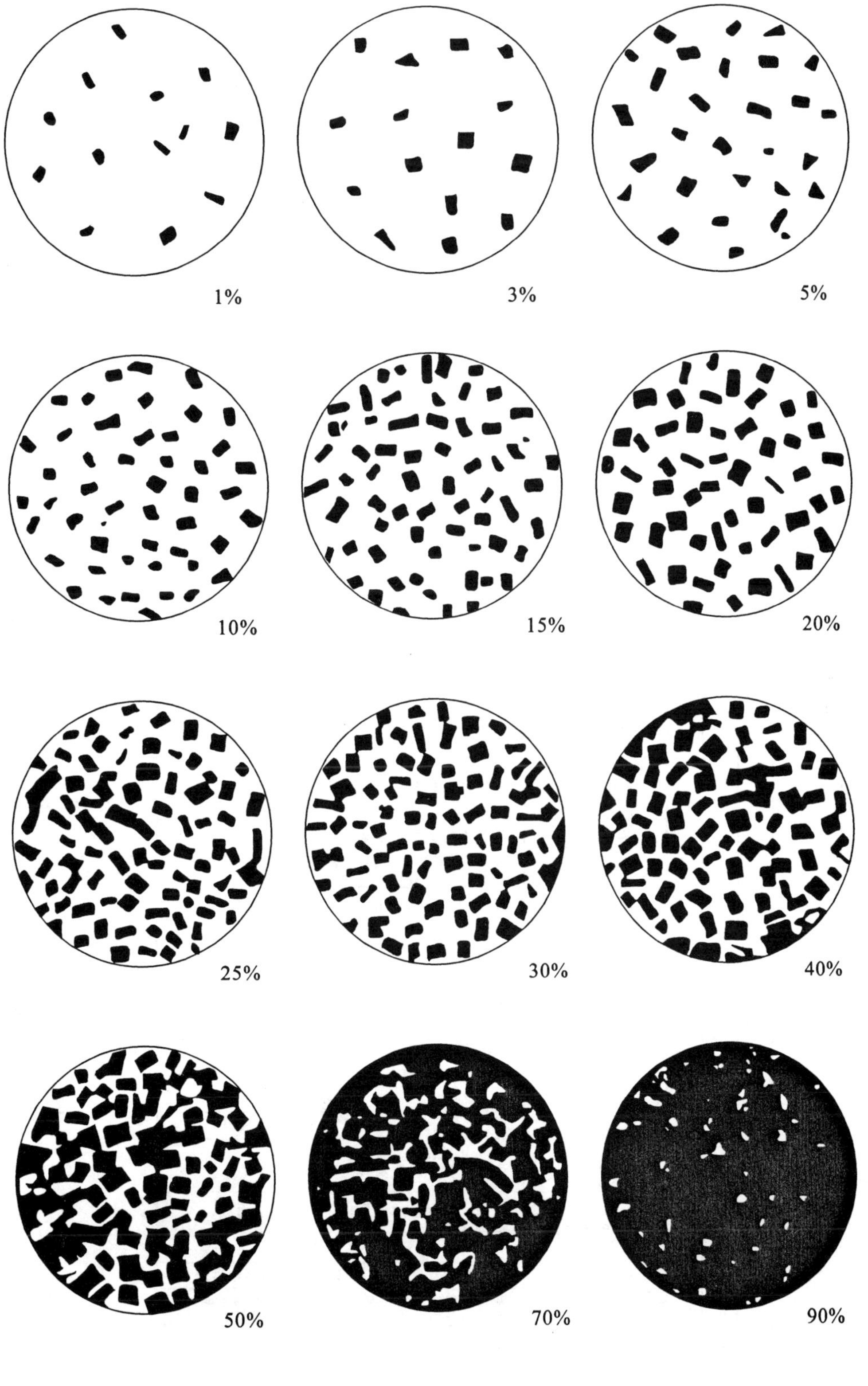

附图Ⅰ-2　湖北宜昌南华系—寒武系地层综合柱状图

地层单位						层号	柱状剖面图	厚度(m)	岩性描述	化石
界	系	统	群	组	段					
						20			灰色、深灰色中厚层灰岩、生物碎屑灰岩	*Doctylocephalus*（指纹头虫）
						19		34.1	深灰色厚层含硅质白云岩及角砾状白云岩	化石稀少
						18		82	浅灰、深灰色厚层白云岩	
						17		200	深灰色中厚层白云岩	
						16		160	灰色中-厚层白云岩、中-薄层状含硅质结核硅质白云岩。泥质白云岩、鲕状白云岩、角砾状白云岩	*Anomocarella* sp.（小无肩虫）
						15		75	深灰色中厚层白云岩	*Redlichia chinensis*（中华莱得利基虫）
						14		80	灰黑色泥质条带鲕状、豆状灰岩	*Megapalaeolenus* sp.（大古油栉虫）
						13		85	灰色、灰绿色砂质页岩夹泥质灰岩	*Palaeolenus* sp.（古油栉虫、软舌螺）
						12		70	黑色薄板状灰岩夹黑色页岩	*Hupeidiscus*（湖北盘虫）
						11		70	黑色页岩夹薄层灰岩	
						10		5.5	灰色中-厚层白云岩，含灰白色硅质团块，底部含泥质，有虫管	小壳动物化石（$\in_1$）
						9		40	灰色-灰白色厚层白云岩，具鸟眼构造	
						8		80	灰色-灰黑色薄-中厚层及厚层硅质白云岩，含硅质结核	含带藻（Z_2）
						7		60	灰色厚层鲕状及内碎屑白云岩，具交错层理	
						6		20	灰-灰白色厚层白云岩，含硅质结核	
						5		10	黑色硅质岩及黑色薄层白云岩，顶部炭质页岩	
						4		20	灰色中至薄层泥质白云岩，含扁豆状硅质、磷质及黄铁矿结核	
						3		20	灰绿、暗绿色冰碛层，下部砾石多而大，上部含砾石少而小，砾石表面有擦痕，分选极差，成分复杂，无层理	
						2		30	黄绿色、灰色长石石英砂岩，夹薄层细砂岩	
						1		15	灰白色砂岩，向上渐变为细砂岩，底部含砾，砾石成分为石英岩、花岗岩等，磨圆较好	
						0			崆岭群：角闪片岩或黄陵花岗岩	

附图 I-3 湖北秭归、宜昌，山东张夏地层对比图

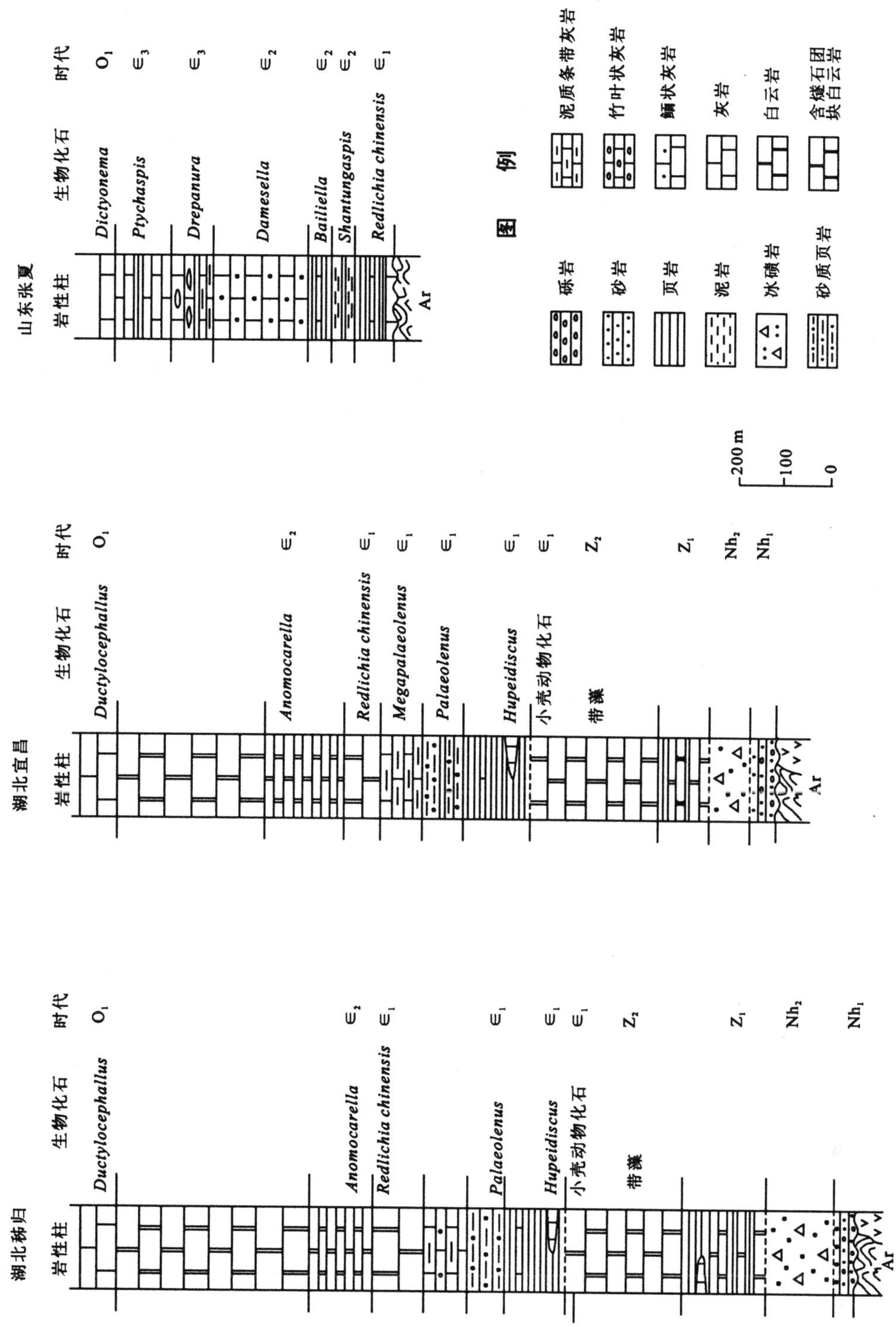

附图Ⅰ-4 龙虎山地形图

附图Ⅰ-5　凌河地区地形地质图

比例尺 1:20000

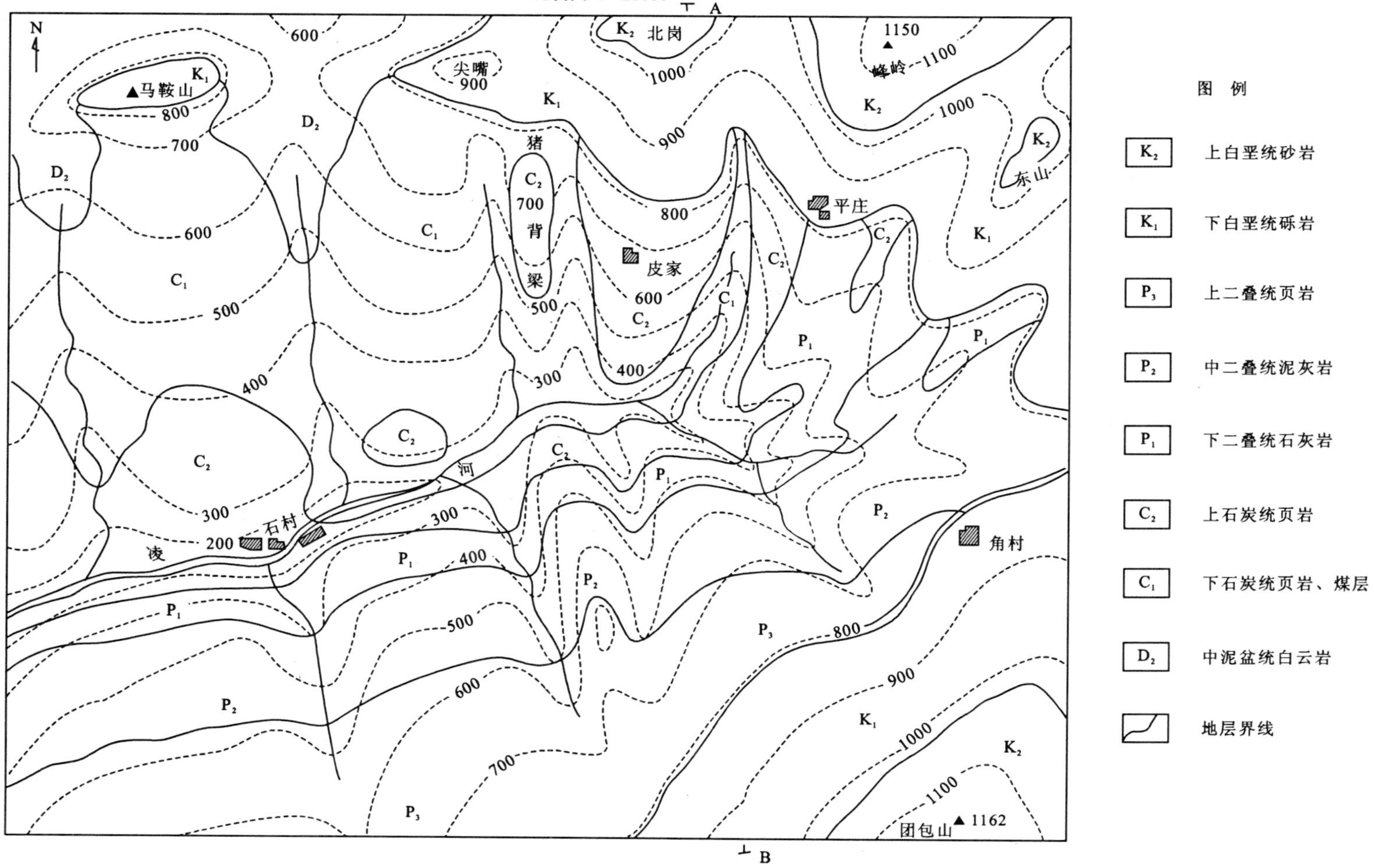

附图 I-6 暮云岭地区地形地质图

比例尺 1∶25 000

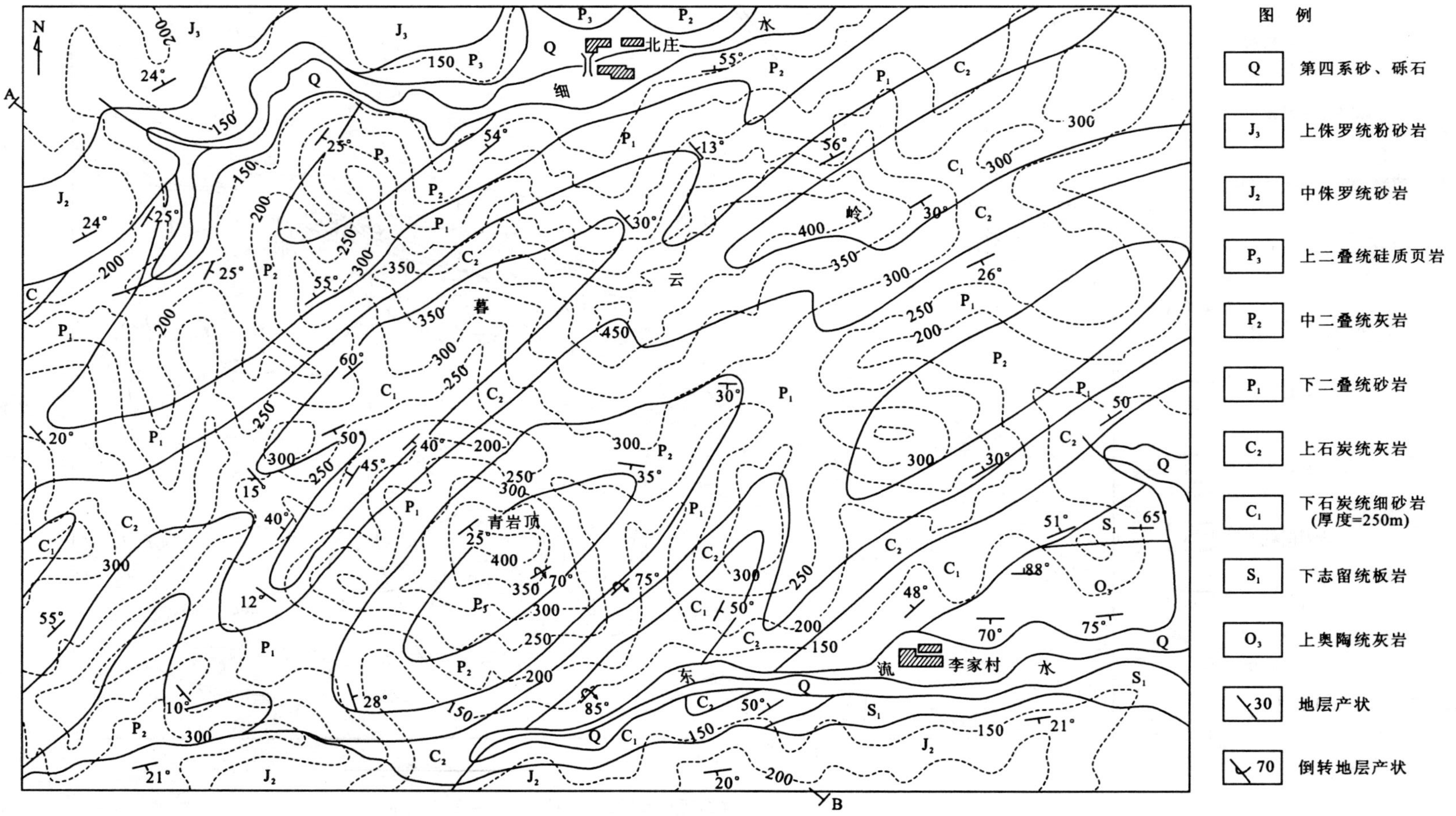

附图Ⅰ-7 星岗地区地形地质图

比例尺 1∶50000

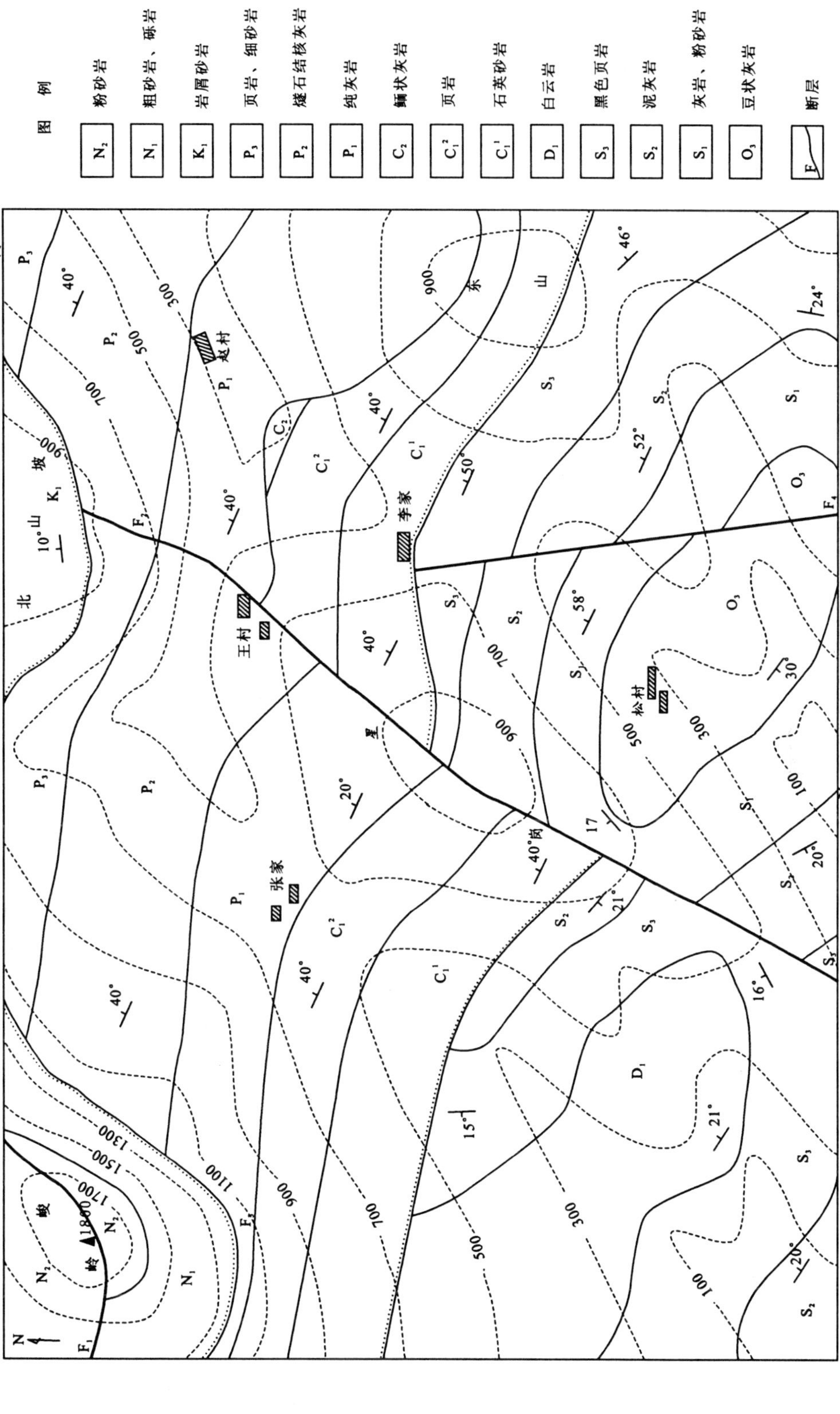

附图 I -8　凉风垭地形及钻孔分布图

比例尺 1 : 10000

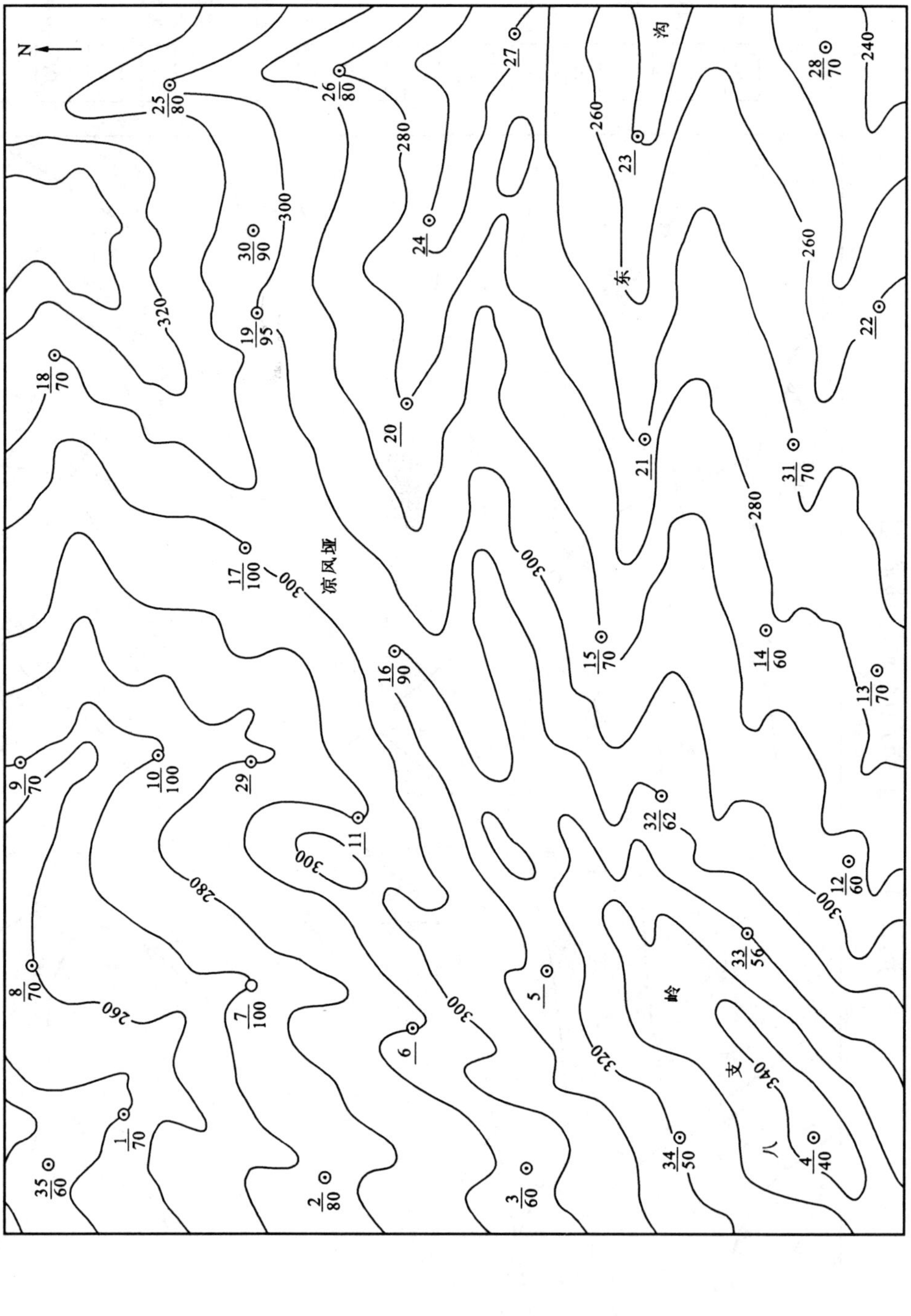

第二篇

武汉地区野外实习

第一节　前　言

一、实习目的、要求与注意事项

1. 实习目的

武汉地区地质教学实习是为非地质类专业（地球物理、石油工程、工程及环境等专业）而设置的，其目的是巩固所学过的《地质学基础》课程，加深对地质学基础理论的理解。通过本次实习，一方面能使学生认识自然界中基本地质现象，另一方面能使学生初步掌握野外基本工作方法。

武汉地区地质认识实习主要有9条路线，内容包括外力地质作用、地层、岩石、构造和矿产等内容。不同学时、不同专业可以根据需要选择不同的路线。

2. 实习要求和注意事项

安全第一。在陡坎、采石场、铁路和公路旁或阴雨天气要注意安全，避免发生意外。

仔细观察。对各种地质现象需要认真仔细观察。

认真记录。对地质现象要认真描述，地质数据要准确测量和记录，对典型地质现象要画素描图或照相。

勤于思考。结合室内教学内容，对观察到的各种地质现象的特征及成因进行分析。

二、自然经济地理

实习区位于武汉市东南部（图2-1），行政区划属于武汉市洪山区。区内各级公路纵横交错，交通十分便利。

实习区地貌以低山丘陵区为主，主要由南望山、喻家山等多个低矮山丘组成，呈近东西向断续展布，与东湖等天然湖泊交相呼应。低山坡角较缓，在10°～35°，海拔高程一般在60～110m，海拔最高者为喻家山（149.4m），最低洼处为东湖（约16m）。海拔100m以上者多见有基岩出露，海拔100m以下的低丘及山间凹地多为近代残坡积物堆积。

实习区属亚热带季风型气候，雨量充沛，日照充足，四季分明，干湿明显，无霜期长，适宜蔬菜等农作物生长和渔牧业养殖。全年无霜期平均为205～240天，年平均降水量为1 050～1 200mm，主要集中在4～8月，为农业、渔业、畜牧业的发展提供了优越的气候条件。通常春夏多雨，秋冬少雨，日降雨量最多达248mm，秋冬降雨较缓和，冬季时有干旱发生。一年中气温变化大，最热的七月份平均气温28.7℃左右，最冷的一月份平均气温4℃，存在着夏季高温、冬季冷冻的特点。年均气温16.3℃，年均降雨量1 163mm，加上长江环绕，全区东、北、西三面湖泊星罗棋布，地势略有起伏，故湖泊效应、垄岗效应、城市效应明显。城区气温最高可达到42℃，十分闷热，是中国三大“火炉”之一。

实习区内土壤以黄棕壤土和少量红壤土为主。垄岗中部以黄棕壤土为主，土质粘性重，垄岗上部为少量红壤土，酸性强，土层薄。

实习区地表水资源非常丰富，湖泊塘堰在区内星罗棋布（东湖、喻家湖等），是著名的“江汉

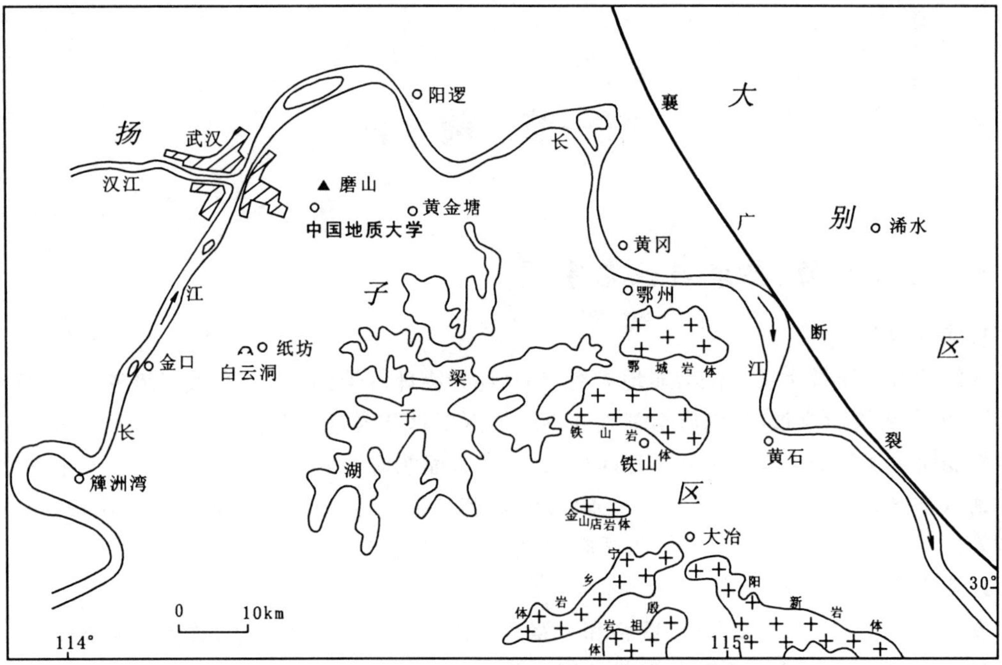

图 2－1 武汉地区教学实习位置图

湖群”的重要组成部分。区内地下水赋存于碳酸盐岩类含水层及碎屑岩裂隙含水层中，富水性极不均一，且多被第四系覆盖。在岩石破碎、断裂发育和岩溶发育处，岩溶水及裂隙水明显富集。区内地下水化学类型主要为重碳酸盐类，属低矿化度淡水，水质较好。

实习区内现已探明矿产类有玻璃石英矿、建筑石材、砖瓦粘土、水泥粘土及矿泉水等。

实习区地处“鱼米之乡”的江汉平原东部，农业以稻谷为主，经济作物以蔬菜为主，经济林木有油桐、板栗、枇杷、核桃、柑橘、猕猴桃等树种，区内湖港纵横，气候温和，为发展水产养殖业提供了优越的条件。

三、地质旅游资源

武汉市是“中国优秀旅游城市”和“国家历史文化名城”，至 2002 年底有 4A 级景区 6 家，国际、国内旅行社 145 家，旅游从业人员近 10 万人，旅游星级饭店 98 家。

实习区内以东湖为核心，是武汉市古迹名胜荟萃之地。其主要旅游资源有：东湖风景区、武汉植物园、马鞍山森林公园、中国地质大学逸夫博物馆等。

1. 东湖风景区

位于武汉市东部，1982 年被国务院列为首批国家重点风景名胜区。整个东湖流域面积 190km^2，风景区面积 88 km^2。湖面水位高程 21m 时湖面面积 32 km^2。湖底海拔 16～17m，平均深 2～3m，最深 5m，属于冲残积成因类型。东湖至今已形成各具特色的 6 个游览区，即听涛区、磨山区、珞洪区、白马区、落雁区和吹笛区，每年接待游客 200 多万人次，是武汉市最大的风景游览地。2001 年 1 月被国家旅游局评为 4A 级风景名胜区。

磨山位于东湖东南岸，三面环水，峰岭逶迤，绵延 4km，主峰海拔 116.4m，是东湖风景区的重要组成部分，有十里长湖，八里磨山之称。山上林木翠绿，曲径环绕，奇石峥嵘，景色秀丽。其东峰形圆如磨，因而得名，山顶有刘备郊天台遗址，现建有楚天楼。磨山的主要景点有楚城、植物园、朱碑亭、郊天台等。南麓有著名的武汉植物园（中国科学院武汉植物研究所），西麓有水榭、天然浴场等，是武汉市最靓丽的旅游休闲胜地。

东湖形成与断裂陷落有关，磨山西-珞珈山正断层，走向 NE，倾向 NW，倾角陡，北西盘下降成湖。磨山东-喻家山东正断层，走向 NW，北东盘下降成湖，中间磨山—喻家山上升为地垒。两断层相交于磨山北湖心，同时湖区多处在背斜核部，由于核部岩石为泥、页岩，抗风化剥蚀力弱，加之背斜核部扇形张节理发育，进一步发展就会产生断陷。这样从流域带来大量泥沙，冲积运移至长江边与江水相遇，受江水顶托堆积下来，同时长江也带来大量泥沙形成沙嘴，初期东湖还与长江相通，湖面水域较大，明显为泄水湖。久而久之，沙嘴相连形成沙坝，与长江相隔，水域缩小形成不泄水湖。总之，如果完全由淤塞形成的湖泊，湖水一般较浅，湖底平缓，东湖水体较深，湖底凹凸不平，所以东湖的形成与淤塞作用和构造活动有关。更新世早期(3.2Ma)，长江三峡泛淹形成浩瀚的云梦泽，云梦泽瓦解，逐渐演变成长江与众多湖泊共存。也可以说东湖是长江早期泛淹后冲残积成因类型的湖泊。

2. 武汉植物园（中国科学院武汉植物研究所）

武汉植物园位于东湖之滨，磨山南麓，园林面积约 70 公顷。全园共建有珍稀植物区、观赏植物区、水生植物区、药用植物区、猕猴桃园、松柏园、树木园、竹园等 10 多个专类园区和园林景区，共引进各类植物近 4 000 种，收集和保存"中国红皮书"中的国家级保护植物 100 多种，是我国华中地区最大的植物资源收藏中心和中国北亚热带植物研究保护基地，已成为国家 5 大核心植物园之一。在将来，武汉植物园将步入世界一流植物园行列，建成"东方密苏里植物园"。

3. 马鞍山森林公园

马鞍山森林公园位于武昌关山东麓，毗连东湖风景区。公园总面积 713 公顷，内有 17 座山峰。山势曲折蜿蜒，丰富的森林植被，清新秀丽的自然风光，令人神清气爽。全园规划为夹山、马鞍山、太渔山、吹笛山 4 大景区。1995 年 6 月建成的夹山风景区对外开放，猴山上顽皮的群猴、松鸽坪上千余只广场鸽，以及供野营活动的烧烤区吸引着大量游客，成为人们游览、休闲、回归自然的理想去处。

4. 中国地质大学逸夫博物馆

中国地质大学逸夫博物馆是一所以地球起源与演化、生命起源与进化为主要内容的自然科学博物馆，建筑面积近 1 万 m^2，展厅面积 5 000 余平方米，陈列有 3 万余件各类地质标本。其中自然界罕见珍品近 3 000 件，如著名的东北龙、永川龙、鹦鹉嘴龙等恐龙化石骨架以及各种珍贵的矿物、宝玉石标本等，是国内最大的大学博物馆和国内仅次于中国地质博物馆的地质类博物馆，也是中南五省最大的自然科学博物馆。逸夫博物馆以其独特的外观造型和丰富的馆藏资源，已经成为武汉市重要的科教旅游景点和标志性建筑之一。

5. 江夏纸坊白云洞

白云洞位于江夏区纸坊镇城西八分山南麓，距武汉市区 20km。该洞为一天然大溶洞，发育于石炭系石灰岩中，全长 300 余米，由前洞、中洞、天井和后洞组成。洞中冬暖夏凉，泉水淙淙，遍布石刻和钟乳石。前洞口顶部镌刻的"白云洞"3 字，为明代兵部尚书熊廷弼所书。民间传说昔日黄鹤飞离黄鹤楼后，曾在此栖息，并留下"白云黄鹤"之说，故由此得名"白云洞"。

第二节　地质概况

一、地层

实习区的地层属于扬子地层区，第四纪堆积物分布最广，占总面积 80％以上，基岩仅在南望山、喻家山、九峰山、狮子山等低山处有出露，主要为志留系粉砂岩，泥盆系石英砂岩，石炭系灰岩、白云质灰岩，二叠系硅质岩等。志留系页岩常组成背斜核部，背斜两翼依次为泥盆系、石炭系、二叠系、三叠系不同时代岩层。

由于受到第四系(Q)覆盖，加之河湖众多以及构造因素的影响，实习区地层出露不全，仅见有中志留统坟头组(S_2f)，上泥盆统五通组(D_3w)，上石炭统黄龙组(C_2h)、中二叠统孤峰组(P_2g)(图 2－2)。

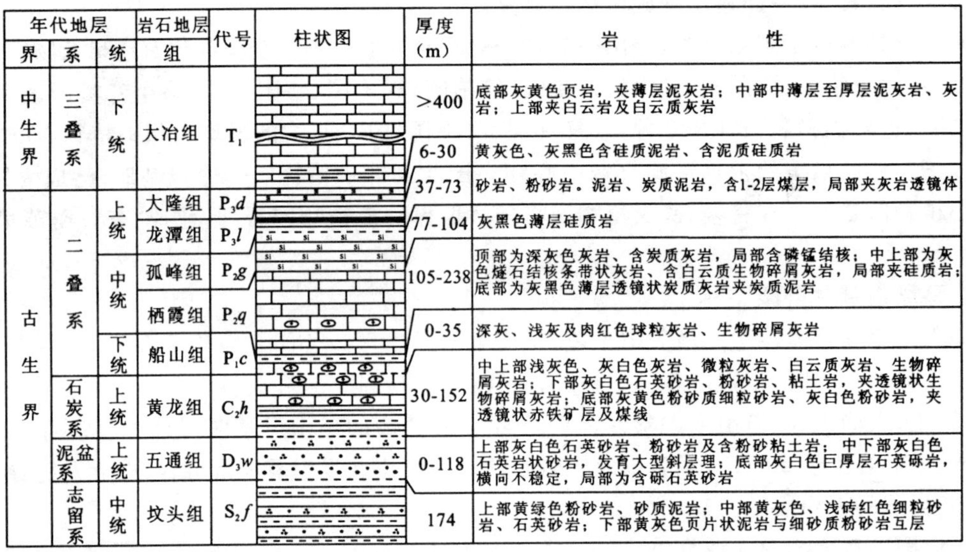

图 2－2　实习区地层综合柱状图

1. 中志留统坟头组(S_2f)

主要出露于南望山、喻家山、风筝山以及八分山(江夏区纸坊镇)等地。上部为灰褐色厚层状中粒石英砂岩、长石石英砂岩、粉砂岩；中部为一套棕黄色中厚层状—厚层状杂砂岩夹粉砂质页岩，局部含磷结核；下部为黄绿色粉砂质页岩、页岩、泥质粉砂岩，未见底。

2. 上泥盆统五通组(D_3w)

主要出露于南望山、喻家山、风筝山及八分山(江夏区纸坊镇)等地。上部为灰白色厚层状纯石英砂岩，偶夹白色粘土层；下部为灰白色厚层—巨厚层状中细粒石英质砾岩、含砾石英砂岩，砾石以脉石英为主。与下伏中志留统坟头组呈平行不整合接触，接触面之上可见底砾岩，接触面之下见铁铝质古风化壳。

3. 上石炭统黄龙组(C_2h)

主要出露于江夏纸坊白云洞。下部为灰色、浅红灰色厚层白云岩,含燧石结核;上部灰白色、微红色厚层质纯灰岩,富含生物化石。与上、下地层均为平行不整合接触。

4. 中二叠统孤峰组(P_2g)

主要出露于南望山、喻家山北坡坡脚处、园林学校校园以及喻家山湖东岸公路边。主要岩性为灰色薄层—中厚层状硅质岩。由于出露面积较小,分布零星,未见顶底。

5. 第四系(Q)

实习区内大面积分布。主要为冲积、湖积、湖冲积层及坡残积成因的砾石、砂、粘土等。

二、构造

实习区大地构造位置处于扬子板块北缘,襄樊-广济断裂以南,主要受燕山期构造运动影响,发育一系列走向 EW 至 NWW 向的线型褶皱,NW、NWW、NE 和近 EW 向的正断层、逆断层及逆掩断层。其中,褶皱在本区占主导地位,并对其他构造有一定的控制作用。主体构造线近东西向,在南北向主应力作用下,还发育有其他一些次一级的构造形迹。区内现代构造运动呈缓慢下降趋势,新构造运动升降幅度不大,是一个相对稳定地区(图 2-3)。

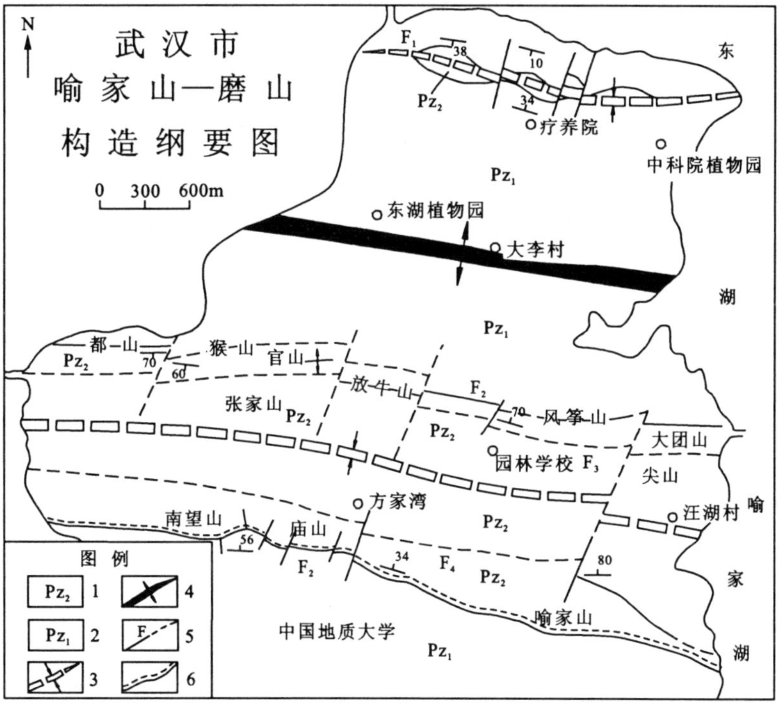

图 2-3　喻家山-磨山构造纲要图

1. 上古生界亚构造层;2. 下古生界亚构造层;3. 向斜轴迹;

4. 背斜轴迹;5. 断层及推测断层;6. 平行不整合界线

1. 褶皱

本区褶皱自北向南依次有:

磨山向斜　位于磨山 113.9～116.4 高地。这是本区发育较为完整的、轴迹呈近 EW 向延伸的小型开阔向斜。向斜核部地层由上泥盆统五通组含砾石英砂岩、石英砂岩组成，构成了山脊，是向斜成山的实例。向斜两翼地层由中志留统坟头组泥质页岩、粉砂岩、砂岩组成。北翼产状为170°∠35°，南翼产状为15°∠40°。近核部岩层倾角变缓，一般在15°～20°；转折端圆滑开阔，轴面近直立；枢纽在东西两端仰起，在区域上长20km，宽0.81km，属于直立倾伏型褶皱。

大李村背斜 位于磨山—风筝山之间，与磨山向斜平行展布。核部由中志留统坟头组砂页岩组成，北翼为磨山向斜的南翼，南翼依次由上泥盆统五通组、石炭系、下二叠统孤峰组组成，地层发生倒转，向北倾斜，倾角70°左右。区域上长40km，区内宽2km，由于第四系覆盖，褶皱形态不及磨山向斜清楚，但是根据核部宽度和两翼产状变化，可以判定该背斜应为一转折端宽缓的倒转箱状背斜。

园林学校向斜 位于风筝山—喻家山之间，为大李村背斜相邻褶皱。核部被第四系覆盖，北翼与大李村背斜共翼，南翼依次出露下二叠统孤峰组、上泥盆统五通组、中志留统坟头组，产状为350°∠40°～80°，延伸长40km，西至长江大桥。宽度小，表现为箱状向斜。

2. 断层

实习区断层主要是基于褶皱基础上发展起来的。可分为近东西向的纵断层和近南北向的横（斜）断层。断层规模相对较小，平面上延伸不长，如中国地质大学（武汉）水塔断层。

纵断层组 已观察到的纵断层有磨山、风筝山南、北坡、喻家山共4条，它们规模大小不一，走向近东西。标志为地层缺失、产状突变、岩石破裂、摩擦镜面和阶步等，并常被横（斜）断层切错。断层面均较陡立，微向北倾斜，断面擦痕多组，具多次活动性质。

横（斜）断层组 磨山南北坡、喻家山等地均可见到。走向近南北，标志有地层沿走向被切错、切割纵断层、破碎带、向斜核部宽窄突变等。断层面较陡，倾向或东或西。

三、构造剥蚀地貌

中国地质大学（武汉）主校区至磨山一带为构造剥蚀地貌，由南至北分布有3条走向近东西向的山脊。南侧为南望山—喻家山，其主峰高程分别为139m、149.5m；中间展布的有都山、猴山、风筝山及团山；北为磨山，主峰高程116.4m。山脊之间为高程24～58m的岗状平原。该区在古生代沉积了一套砾岩、砂岩、页岩、灰岩及硅质岩。由于受到中、晚三叠世后期印支、燕山运动的影响，产生了近南北方向的强烈挤压作用，使志留系至三叠系发生了显著的缩短，形成强烈褶皱。褶皱轴迹方向近东西，并伴生有走向近东西的断层和其他方向的断层，从而形成了东西延伸、南北起伏的山峦地貌。

武汉地区地貌发展史研究表明，喻家山至磨山所见比高10～100m的山梁，为古近纪末喜山运动以来形成的夷平面（准平原化）。本区在喜山运动时期，地壳强烈上升，遭受剥蚀；早更新世早期，地壳下降，大云梦泽形成，末期地壳又上升剥蚀，形成了云梦期夷平面。

区内地形地貌除明显受地质构造控制外，也强烈反映出差异风化剥蚀的特点，即坡度与岩性相关，抗风化力强的石英质砾岩、砂岩构成山包或山丘；灰岩、页岩侵蚀成沟谷或低洼地带。基岩之上的松散沉积物多为坡残积物，如深红色网纹红土、褐红色砂土、褐黄色砂土，常含少量角砾。低洼处为红灰色、黄灰色粘土和亚粘土。

四、地质演化简史

中志留世，海平面相对下降，实习区形成了向上变浅的退积型沉积序列。中志留世后期，扬子板块抬升为陆地，遭受风化剥蚀，缺失了晚志留世至中泥盆世的地质记录，形成由铁铝氧化物及氢氧化物组成的古风化壳，这是加里东运动在本区内的具体表现。

晚泥盆世，海水由南西向北东形成海侵，在黄绿色砂、页岩之上沉积底砾岩、石英砂岩夹白色粘土岩，产陆生植物化石，代表了潮湿气候下的滨海河湖沉积。由于毗邻大别山边缘，岩层中偶见海相腕足类化石，说明当时沉积环境为海陆交互特点，此后发生海退。300Ma 左右，区内又广泛海侵，不但出现大量海生动物化石，如腕足类、珊瑚等，而且海水相对较深，形成了碳酸盐岩及硅质岩。

中晚三叠世，地壳发生了大规模构造运动，地史上称为印支运动。印支构造运动使本区受到了近于南北方向的强烈挤压，使中志留统—下三叠统地层缩短而产生褶皱。褶皱轴向近东西，并伴有走向近东西的纵断层及其他方向的横(斜)断层。至此，结束了本区海相沉积的历史，形成了现在的构造格局。

第三节 实习路线及观察内容

路线1 实习方法简介及地貌观察

任务：

(1)掌握罗盘、地形图的使用方法；

(2)认识沉积岩岩层和层理构造；

(3)了解喻家山—磨山一带地貌特征。

No. 01

[点位] 中国地质大学(武汉)56 栋学生宿舍后面，人工平台

[露头] 人工

[点义] 罗盘和地形图的使用；记录格式

[内容] 讲解罗盘的结构、地形图基本知识和记录格式

No. 02

[点位] 喻家山山脊

[露头] 天然，良好

[点义] 地貌观察点

[内容]

①测量岩层产状，熟悉记录格式；

②地貌观察：构造剥蚀地形(见第二节)；东湖的形成(见第一节)。

教学参考资料

1. 罗盘的使用方法

1)罗盘的结构(图2-4)

磁针和制动器　磁针分北针和南针，南针上绕有铜线，因为我国地处北半球，北极对指北针有更大的吸引力，只有南针绕铜线后，罗盘水平时磁针才平衡并可自由转动。不使用罗盘时，将制动器关上，磁针被托起而固定，避免钢针尖端磨损而造成测量误差。

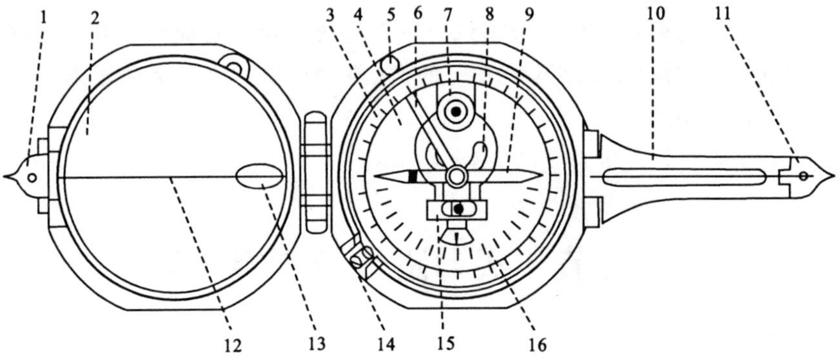

图2-4　罗盘结构示意图

1. 小瞄准器；2. 反光镜；3. 圆刻度盘；4. 方向盘；5. 制动螺丝；6. 拔杆；7. 圆水准器；8. 测斜器；9. 磁针；10. 长瞄准器；11. 短瞄准器；12. 中线；13 椭圆孔；14. 磁偏角校正螺丝；15. 管水准器；16. 半圆刻度盘

度盘和方位刻度盘　度盘0～90°，用于测斜度；方位刻度盘0～360°，东西相反，即反时针刻度，以便直接读取方位角，并刻有英文缩写字母N、E、W。罗盘旁边附有校正螺丝，转动时可以校正磁偏角(磁偏角是指地理子午线与地磁子午线的夹角)。实习区磁偏角为西偏1.8°左右，使盘内正北线对准358°即可。

照准设备　在0～180°方向上有一对大小折叠式觇标，与盖盘内反光镜配合使用，测量方向及坡角。

圆水准器、管水准器、测斜指示器及盘底手把　前者使罗盘水平，后三者用于测量倾角或坡角。转动手把能使管水准器与测斜指示器同时转动，气泡居中读数。

2)方位测量

测量方位包括两个含义：一是指目的物在测量者的什么方位(目的物的方位是未知数)，二是指测量者在目的物的什么方位(测量者所站的地方的方位是未知数)。

测量方位方法：左手平托罗盘，手臂紧靠身体，两脚站立平稳，右手打开罗盘，罗盘盖靠在胸前，打开制动器，圆水准器气泡居中，移动身体，使反光镜中线、长觇标中线及目的物3点呈一直线，磁针稳定读数，测量目的物方位读北针所指的方位刻度数，测量者在某已知目的物的方位读南针所指的方位刻度数。记录时包括方位刻度数及所在象限的名称，象限读数记录时均将N和S放在前面，如NE、SW等。

3)坡角测量

将长觇标顶住盖盘,左手将罗盘平卧托起,利用长觇标中线缝、反光镜小孔中线及坡上(或坡下)与眼睛等高的目的物3点呈一直线,然后右手转动盘底手把,在反光镜中观看管水准器气泡居中时读数,仰角为正数,俯角为负数。

4)岩层产状测量

层理是沉积岩的最重要特征之一,是原生的层状构造,是组成岩层的物质成分、结构、颜色等变化的分界面。层面是物质来源突变或短暂沉积间断形成的,其特征是顶、底面平行或大致平行,延伸较远,垂直层面的上、下物质成分、结构、颜色、构造变化大。识别层理时应远观与近视相结合。近观时特别注意砾岩中砾石长轴定向排列及石英砂岩中交错层理。教学时应与节理面反复比较。

岩层产状要素是指岩层的走向、倾向、倾角(图2-5,左),用它们来确定岩层的空间状态。走向线是岩层面与水平面的交线,即岩层面上任何一条水平线,也是同一岩层面上等高两点的连线,走向线所指的方位称岩层的走向;层面上与走向线垂直的线叫倾斜线,倾斜线在水平面的投影叫倾向线(射线),倾向线的方位称岩层的倾向;倾向线与倾斜线间的夹角称为倾角。

测量岩层产状时首先要判断是不是露头,是不是层面。然后区别不同情况测量。

层面平直时,测量走向,将罗盘0～180°(S—N)方向平行的一边的边棱与层面紧贴,圆水准器中气泡居中,这时罗盘与层面交线就是走向线,磁针所指度数为该岩层的走向。走向有两个方向,相差180°,所以测岩层走向用罗盘北针或南针读数均可。测量倾向时,将罗盘的北(N)指向岩层的倾斜方向,将罗盘90°～270°(E—W)方向平行的边棱和走向线重合,然后使罗盘水平,北针所指的度数就是岩层的倾向。测量倾角时,将罗盘S—N方向平行的一边侧放在层面上,与走向线垂直,转动测斜器的手把,使管水准器中气泡居中,测斜器所指的刻度就是岩层的倾角。当罗盘S—N方向不与走向垂直时所测角度不是岩层的真倾角,称视倾角或假倾角(图2-5,右)。

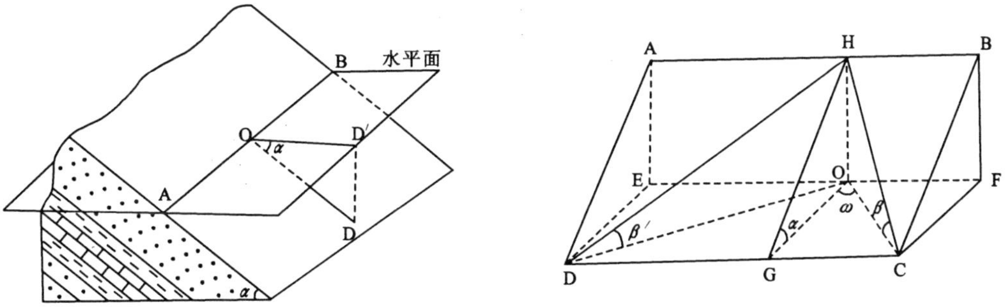

图2-5 倾斜平面的产状要素图示(左)和真倾角与视倾角的关系(右)图示

α为真倾角,β、β'为视倾角,ω为真倾向与视倾向之间的夹角

当层面不平整时,应在远观与层面一致的那一部分测量。当层面不直接出露时,层理在一度空间出露时只能测量走向,可计算倾向,无法测量倾角,层理凹凸不平时可用野簿或文件夹组成一平面测量。当只有下层面出露时,除测量倾向时读南针外,其他测量方法同上。

野外地质工作者通常只测量岩层的倾向和倾角。走向由倾向加减90°即可得到。岩层近直立时,只测走向,不必测倾向;岩层水平时就没有产状,不需要测量,但近于水平而不是水平时，容易产生误差，测量产状要素要十分小心。

岩层产状要素表示方法有文字和符号两种。用方位表示岩层产状要素时，只记录倾向和倾角。如：SE170°∠35°。地质图上产状要素用符号表示，如：⅄30°，长线代表走向，短线代表倾向，数字表示倾角。

2. 地形图使用

地形图是野外地质工作者的好向导，它指明了村庄、河流及交通情况，同时，地形图也是一切地质工作的基础。地质图通常是在地形图上编制出来的，野外分析地形图可以帮助我们粗略地了解某一地区岩层分布与构造情况。因为地壳是由各种岩石组成的，岩层的分布情况受构造控制，又由于岩石抗风化剥蚀能力不同，形成不同的地貌，因此，分析山形、水系的分布可以了解区内岩石和构造情况。

阅读地形图时，首先要了解地形图的比例尺、等高线间距等内容。地形图的比例尺取决于工作的性质和目的，如 1∶25 万区域地质调查使用的是 1∶10 万的地形图做底图(实习中使用的喻家山-磨山地形图比例尺是 1∶1.5 万，等高线间距为 5m)。

此外，还要了解地形图的范围、村庄、道路、山峰、山坡、沟谷、山脊等情况，最后分析地形、水系特点。

1)地形图定向

在使用地形图时，要确定地形图方向，只有把地形图上的地形和实地地形对应起来才能正确读图。一种方法是将罗盘的南北(S—N)方向平行于地形图的图框南北方向，使它们处于水平，再轻轻放松磁针，一起转动地形图和罗盘，直至罗盘北针指向北(0°)，此时地形图就与实际方位一致了。另一种方法是根据已知标志来确定，当地形图上有与地面相同的标志，如道路，此时转动地形图，使它们延伸方向一致，地形图的方向就确定了，如果没有明确的标志，就利用两个山头的连线来确定。

2)地形图上定点

地形图上定点是把观察的地质现象(如矿体、地层界线、构造现象等)表示在图上，以便以后查阅。定点有 3 种方法：

①利用地形地物定点。登高远望，先远后近，先大后小，先已知后未知。利用沟口、河流拐弯、山峰、鞍部、坡度变化处、道路交叉处、村庄、孔桥等地形地物标志确定点位。

②利用地形地物，配合已知点方位、距离及高程定点。

③后方三点交汇法定点。地形地物特征不明显时可用后方交汇法，即利用 3 个已知点的方位，用量角器在图上绘制方位线，理想的条件下，3 条直线相交于一点，如果三者不重合，则成一个三角形，三角形中心为测量者所在点位。

3. 野簿记录方法

野外记录是珍贵的基础资料，是地质工作一切认识和成果的基础，也是国家的保密资料，因此必须认真对待。要求地质记录要准确、清楚、系统，并且是现场记录。记录须用 2H 铅笔记录，不得简单、潦草、杂乱及用钢笔等记录。野簿左页是方格纸，用来绘制素描图或剖面图，图件要整洁美观，要有图名、比例尺、方向、图例。右页的横格用于文字记录。最上面要写明日期、地点、天气等。记录格式包括路线名称及编号、任务、观察点号、观察点的位置(点位)、GPS、露头条件及性质(简称露头)、点的意义及性质(简称点义或点性)、观察描述内容(简称内容)和点间记录(表 2-1)。

表 2-1　野簿记录示范

日期:2009-9-10	地点:南望山　　　　天气:晴
路线 1	地质大学—南望山—地质大学
任　务	1. 观察描述中志留统—中二叠统岩性特征; 2. 观察描述旧水塔断层,画素描图并照相; 3. 观察描述南望山与地质大学北区之间公路边垭口褶皱,画素描图并照相。
No. 01	
点　位	南望山南坡
GPS	
露　头	天然,一般
点　义	岩性观察点
内　容	黄绿色泥质粉砂岩(S_2f) 风化面黄色,略带褐色,新鲜面黄绿色;粉砂质结构,中厚层构造。主要成分为粉砂质,含量(体积比)约 80%,泥质含量约 20%。手搓有粗糙感。 地层产状(S_0):4°∠40° 样品:B01
点　间	自点 No. 01 北行,0～50m 为第四系坡积物覆盖;50～120m,见灰黄色中—薄层长石石英砂岩、长石砂岩;120～170m,为第四系坡积物覆盖。

路线编号从 1 顺序编起。路线名称一般以野外基地开始,中间选择路线中特征高地 1～2 处,最后再返回基地,如:基地—218 高地—264 高地—基地;或者以特征的地名命名,如:地质大学(基地)—南望山—地质大学(基地)。

工作中点号往往根据工作地区和不同小组进行编号,如珲春地区可以编为 H1001、H2001 等,H 为“珲”第一个拼音字母,H 后面第一个 1 为第一组,后面 3 位数字为点号。点号可以不连续,但不能重复。

点位,一般以距离观察点最近的高地为参照,写成“位于××高地××方向××米处,高程××米”,同时对地貌特征进行简单说明,如山脊、鞍部等。点位之后一般要标出 GPS 测出的经纬度(实习中省略此项)。

点义或点性,是指观察点的性质或意义,如地层分界点、构造观察点、岩性观察点等。

露头条件及性质,一般要说明基岩出露的性质,如天然、人工、残坡积等。对露头条件要作出简要评价,如良好、一般等。如果露头条件较好,可以说明露头面积,如$(20\times5)m^2$。

观察内容,主要描述岩石的岩性特征和所见的地质现象。岩性特征包括颜色、结构、构造、成分及含量(体积比)。颜色又分为风化面颜色、新鲜面颜色;成分又分为矿物成分(结晶岩石)、碎屑成分和填隙物(碎屑岩);填隙物又包括杂基(机械混入物)和胶结物。如果观察点处有其他地质现象发育,如断层、节理、褶皱等,应另起一自然段描述这些现象的特征。如果是地层界线点,要以界线走向为界,两侧分别描述。

点间记录是按前进方向顺序描述沿途所见的岩性特征。

路线 2　南望山地层及构造观察

任务

(1)观察描述中志留统—中二叠统岩性特征。

(2)观察描述褶皱和断裂构造,绘制素描图并照相。

No. 03

[点位]　中国地质大学南望山小门北 50m

[露头]　天然,一般

[点义]　岩性观察点

[内容]

黄绿色中厚层粉砂岩(S_2f)$_2$

风化面黄色,略带褐色,新鲜面黄绿色;粉砂质结构,中厚层构造。主要成分为粉砂质,含量(体积比)约 80%,泥质含量约 20%。手搓有粗糙感。

地层产状(S_0):4°∠40°

No. 04

[点位]　南望山南坡,废弃水塔

[露头]　人工,良好

[点义]　岩性观察点,构造观察点

[内容]

黄灰色中—厚层状中粒长石石英砂岩(S_2f)

风化面黄色、褐黄色,新鲜面黄灰色;中粒结构,中厚层构造。主要碎屑成分以石英为主,含量(体积比)约 65%,长石约 20%,少量白云母。碎屑磨圆中等,分选较好;局部见大型斜层理。

地层产状(S_0):355°∠55°

观察点处发育 2 条断层(图 2-7)。

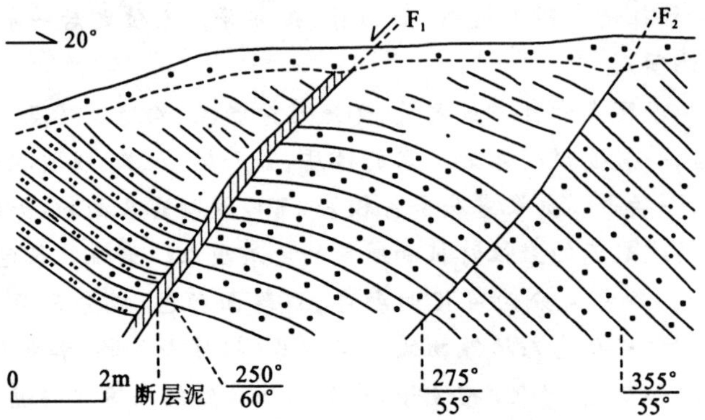

图 2-7　水塔西侧断层素描

断层 F_1 特征典型，断层运动方向明确，特征如下：

破碎带宽 20～30cm，沿破碎带发育有断层泥；断层两盘有牵引现象，反映了上盘向下运动，具正断层性质；断层两盘岩性不同，上盘为薄层粉砂岩，单层厚 5cm 左右，下盘为中层、中厚层砂岩，单层厚度 15～30cm。断层产状：250°∠60°。

断层 F_2 破碎带被坡积物覆盖，宽度不清，推测不大于 10cm。断层上盘为中层、中厚层长石石英砂岩，下盘为厚层长石石英砂岩，牵引构造不发育，两盘相对运动方向不能确定。断面总体产状：275°∠55°。

No. 05

［点位］　南望山垭口南侧

［露头］　天然，一般

［点义］　界线点（D_3w/S_2f）

［内容］

1）观察点南

灰黄色厚—中厚层中粒长石石英砂岩（S_2f）

风化面浅褐黄色，新鲜面灰黄色；中粒结构，中厚—厚层构造。主要碎屑成分以石英为主，含量约 70%，此外为长石，含量约 20%，少量白云母。

地层产状（S_0）：350°∠55°

2）观察点北

灰白色中—厚层含砾中粒石英砂岩、厚层—块状中细砾砾岩（D_3w）：

含砾石英砂岩。风化面浅褐红色，新鲜面灰白色；中粒结构，中—厚层构造。主要成分为石英，含量大于 95%，底部粒度较粗，局部含有石英细砾。岩石较纯，胶结致密，较坚硬，发育交错层理。

灰白色厚层至块状石英质中细砾砾岩。砾石成分主要为石英，含量 90% 以上，少量黑色硅质岩；砾径 5～50mm，磨圆较好，分选中等，长轴多定向排列，与层理一致。填隙物为硅质、石英砂、岩屑等，基底式胶结。

地层产状（S_0）：350°∠55°

3）S_2f 与 D_3w 之间的平行不整合特征

①上、下两套地层产状相近；②缺失上志留统（S_3）和下、中泥盆统（D_{1-2}）；③不整合面下有古风化壳（点处出露不良，沿此点向西至南望山南坡雷达站可见厚 0.5m 左右的褐铁矿及白色粘土层）；④不整合面之上出现底砾岩；⑤两套地层形成的环境不同，S_2f 地层中见有三叶虫和腕足类化石，为海相沉积；D_3w 地层中见有鳞木等植物化石，为滨海河湖相沉积。

No. 06

［点位］　中国地质大学北校区西外侧公路垭口

［露头］　人工，良好

［点义］　岩性观察点；构造观察点

［内容］

灰黑色薄层硅质岩（P_2g）：

风化面灰褐色，新鲜面灰黑色；隐晶结构，薄层构造，单层厚 2～5cm，少量可达 7cm，层厚较均一。岩石化学成分主要为 SiO_2，呈隐晶质，矿物成分肉眼无法鉴别。岩层走向近东西向，倾角近直立。

观察点处薄层硅质岩中发育较为复杂的褶皱构造（图 2－8），其中可见有箱状背斜（发育不完整，南翼被断层破坏）、圆弧向斜、尖楞背斜，此外还可以识别出倒转褶皱、平卧褶皱及顶厚褶皱等多种类型。箱状背斜南翼发育一小断层（F_1），产状：30°∠70°。小断层下盘岩石较破碎，但基本能识别出原岩为硅质岩。

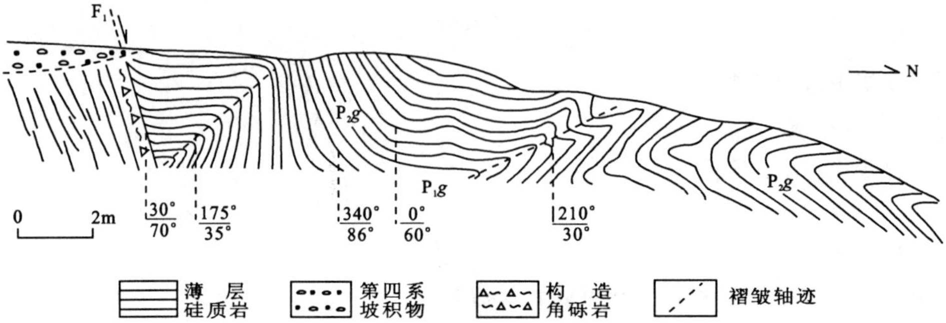

图 2－8　中国地质大学北校区西外侧公路垭口褶皱、断层素描

小断层南侧发育一条规模较大的断层（图 2－8 中未画出），地表可见宽约 2m 的构造角砾岩带，向南为坡积物掩盖。据区域资料，该断层近东西走向，断面北倾，倾角约 80°；断层规模较大，因为 D_3w 与 P_2g 之间缺失了多套地层[上石炭统黄龙组（C_2h）、下二叠统船山组（P_1ch）、中二叠统栖霞组（P_2q）]，其厚度应大于 200m，而观察点处 D_3w 与 P_2g 之间仅有不到 50m 的坡积覆盖区。因此，推测该断层规模较大，导致多套地层在地表未见出露。

路线 3　喻家山西北侧地层及构造观察

任务：

（1）观察中志留统坟头组（S_2f）、上泥盆统五通组（D_3w）和中二叠统孤峰组（P_2g）岩性特征；

（2）观察和描述断裂构造，测量断裂构造的各项产状要素；

（3）对地质现象照相并做素描图；

（4）学习绘制地层信手剖面。

No. 07

［点位］　南望山公共汽车站

［露头］　人工，良好

［点义］　信手剖面起点，地层界线点，断层观察点

［内容］

1）观察点南西

灰黄色中厚—厚层细砂岩夹粉砂岩(S_2f)

风化面土黄色,新鲜面灰黄色;细粒结构,中厚—厚层构造。主要碎屑成分以石英为主,含量约60%;其次为长石,含量约30%;少量白云母。局部夹薄层粉砂岩。

地层产状(S_0):10°∠70°

2)观察点北东

灰白色中厚层中细粒石英砂岩(D_3w)

风化面浅褐红色,新鲜面灰白色;中粒结构,中厚层构造。主要成分以石英为主,含量约95%,石英碎屑磨圆、分选均好,局部含有少量石英细砾。观察点处由于断层影响,岩石较破碎。

地层产状(S_0):330°∠70°

3)S_2f 与 D_3w 之间的断层

断层破碎带宽约30cm,破碎带中发育断层泥,局部断面上可见水平方向的擦痕,为平移断层。

断层产状:215°∠85°(大致与南望山—喻家山的走向一致)

观察点处还发育一条近南北向的正平移断层,有明显的断层面和擦痕。

断层产状:290°∠75°(大致沿公路方向)

No. 08

[点位]　方家湾南东公路边,采石坑

[露头]　人工,良好

[点义]　岩性观察点;断层观察点

[内容]

灰黑色中—薄层硅质岩(P_2g)

风化面灰褐色,新鲜面灰黑色;隐晶结构,中—薄层构造,单层厚10～15cm。主要成分为隐晶质(SiO_2),矿物成分肉眼无法鉴别。

地层产状(S_0):350°∠88°

观察点处发育一断层。断层面见有氧化铁薄膜、擦痕、阶步及断层角砾岩。根据擦痕和阶步判断,断层具平移正断层性质。

断层产状:45°∠70°,擦痕倾伏向为112°

No. 09

[点位]　方家村南,路边

[露头]　人工,良好

[点义]　断层观察点

[内容]

灰黑色薄层硅质岩(P_2g)

风化面褐灰色,新鲜面灰黑色;隐晶结构,薄层构造。主要成分为隐晶质(SiO_2),矿物成分肉眼无法鉴别。

地层产状(S_0):350°∠50°

观察点处见一断层，破碎带宽 0.5m，两盘见牵引构造，断裂整体的运动学标志上反映了挤压作用，在后期发生了断裂上盘向下滑动的特点，具正断层性质。

断层产状：15°∠75°(图 2-9)

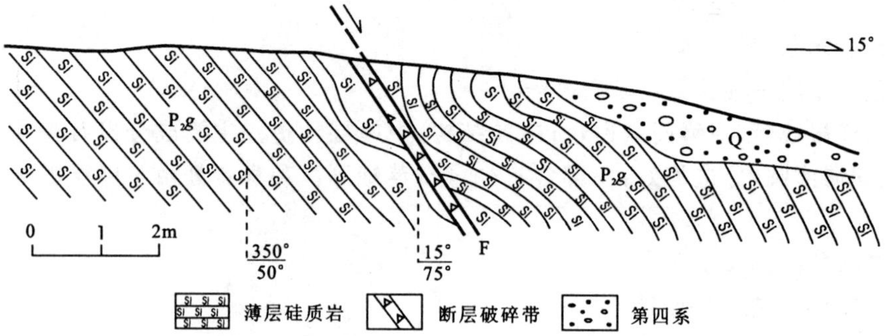

图 2-9　方家村断层素描图

No. 10

［点位］　武汉时代职业学院(校园内)

［露头］　人工，良好

［点义］　岩性观察点

［内容］

灰黑色薄层硅质岩(P_2g)

风化面灰色、褐灰色，新鲜面灰黑色；隐晶结构，薄层构造。主要成分为隐晶质(SiO_2)，矿物成分肉眼无法鉴别。岩石性脆，易裂成小碎块。岩层倾角较陡，倾向略有变化。

地层产状(S_0)：30°∠80°

No. 11

［点位］　武汉时代职业学院北侧山坡(校园外)

［露头］　人工，良好

［点义］　信手剖面终点，岩性观察点

［内容］

灰白色中厚层细粒石英砂岩(D_3w)

风化面浅褐黄色，新鲜面灰白色；细粒砂状结构，中厚层构造，局部见交错层理。主要碎屑成分为石英，含量约 95%，颗粒分选、磨圆均好。

地层产状(S_0)：30°∠60°

［注意事项］

①行进过程中根据地形、地貌特征勾绘地形线，要注意平面距离和高程变化，必要时可参考地形图估计距离；

②每一观察点上要详细描述岩性特征，测量地层产状、断层产状；

③学习分析较大规模的褶皱构造形态；

④信手剖面以组为单位，不再分层(图 2-10)。

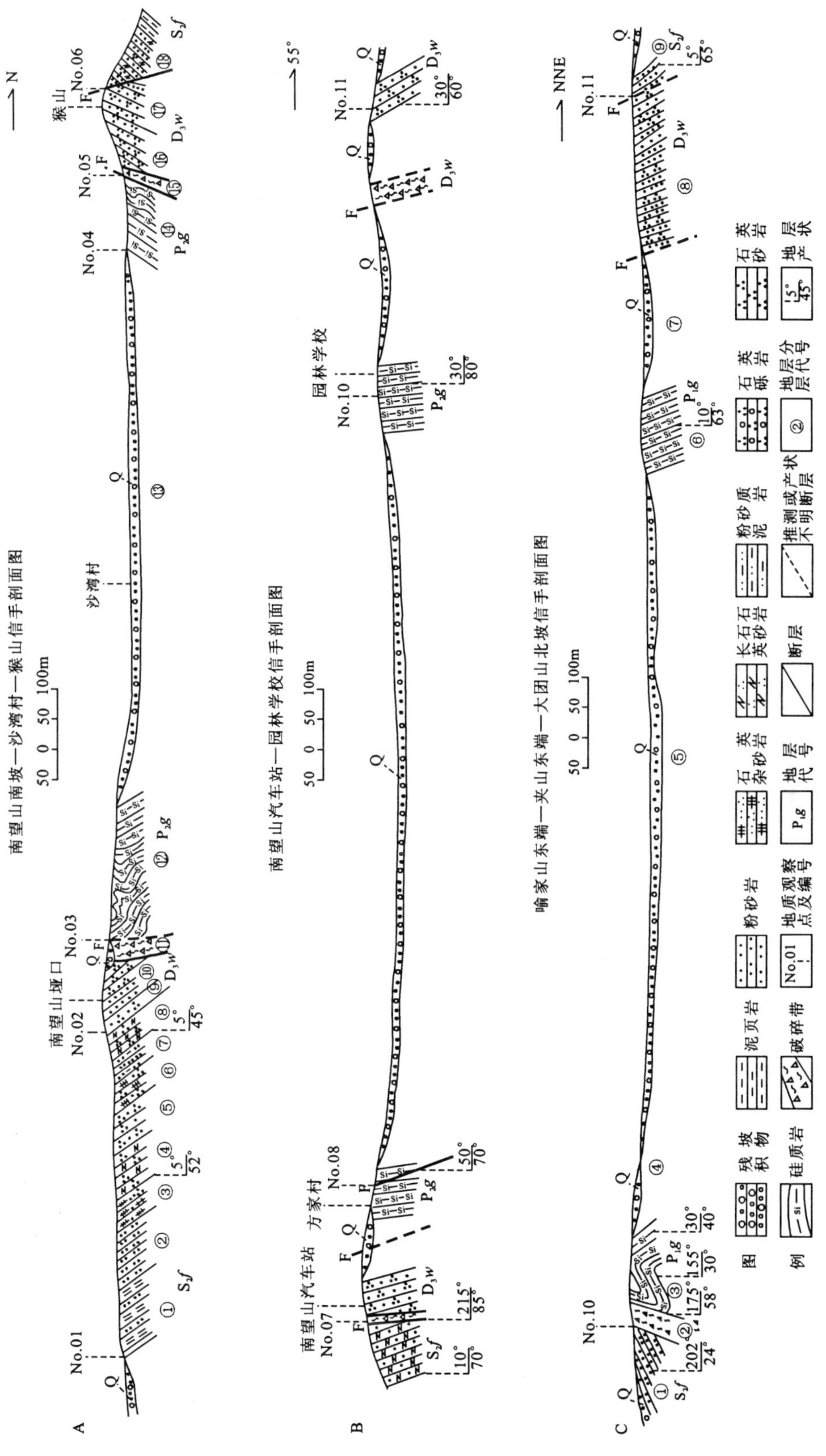

图2-10 实习区三条信手剖面图

路线4 大冶铁山东采坑岩浆岩、变质岩、矿床及构造观察

任务

(1)参观大型露天采矿场;

(2)认识岩浆岩、大理岩、矽卡岩、铜铁矿石及褐铁矿石;

(3)观察石香肠构造;

(4)观察闪长岩体与围岩(T_1d)接触关系,画素描图并照相。

No. 12

[点位] 尖山露天采矿场南缘

[露头] 人工,良好

[点义] 参观大冶铁矿

[内容]

大冶铁矿简介:

铁山位于武汉市东南约60km,大冶市西约12km,是我国长江中下游铜铁矿重要产地,开采历史悠久。早在公元3世纪就开始开采,解放前探明铁矿石储量3 000万吨,盛宣怀开办的汉冶萍矿冶公司曾在此开采过矿石,日本帝国主义也进行过掠夺性的开采。解放后探明矿石储量1.5亿吨,同时探明铜矿62万吨,成为武汉钢铁公司的铁矿石基地,年开采量500万吨,目前已进入开采尾期,开采深至地面以下400多米。

大冶铁矿主要为矽卡岩型矿床,还可能有矿浆灌入型和热液型。与矿化有关的侵入岩为燕山期中酸性杂岩体。有黑云母透辉石闪长岩、粗斑或细斑含石英闪长玢岩。成矿围岩为下三叠统大冶组(T_1d)中上部石灰岩、白云岩,岩体与围岩接触带有大理岩、透辉石矽卡岩、金云母透辉石矽卡岩等。矿体产在接触带上,矿区有6个矿体,分为东、西两个采区,自西向东有铁门坎、龙洞、尖林山、象鼻山、狮子山、尖山矿体。矿体呈似层状、透镜状,也有呈囊状产出。矿石以致密块状为主,还有条带状和浸染状。矿石矿物有磁铁矿、磁赤铁矿、菱铁矿、黄铜矿、斑铜矿及辉铜矿等。脉石矿物有金云母、方解石、铁白云石、透辉石、石榴石、方柱石、绿帘石、蛇纹石、透闪石、石膏和玉髓等。其中黄铁矿含金。表生矿物有褐铁矿、孔雀石和蓝铜矿等。

No. 13

[点位] 象鼻山铁矿采坑

[露头] 人工,良好

[点义] 观察岩浆岩、大理岩及二者接触关系;观察矿石矿物和脉石矿物

[内容]

1)采坑北西壁

①观察点北西:深灰色中细粒含石英闪长岩

风化面灰色,新鲜面深灰色;中细粒结构,块状构造。主要矿物成分:斜长石,含量约65%;钾长石,含量约10%;石英,含量约15%;暗色矿物以辉石和黑云母为主,少量角闪石,含量约10%。

②观察点南西：灰白色条带状大理岩(T_1d)

风化面褐色、灰褐色，新鲜面灰白色；粒状变晶结构，条带状构造。主要矿物成分为方解石，含量约 80%；其次为白云岩，含量约 20%。岩石矽卡岩化明显。

③闪长岩与大理岩二者侵入接触(图 2-11)特征

a. 内接触带侵入岩粒度较细，边部有 10cm 冷凝边(闪长玢岩)。

b. 外接触带石灰岩、白云质灰岩受热接触变质作用形成大理岩、条带状大理岩。与灰岩相比，矿物明显重结晶，颗粒粗大，褪色后呈白色，受岩体侵入挤压形成褶皱。

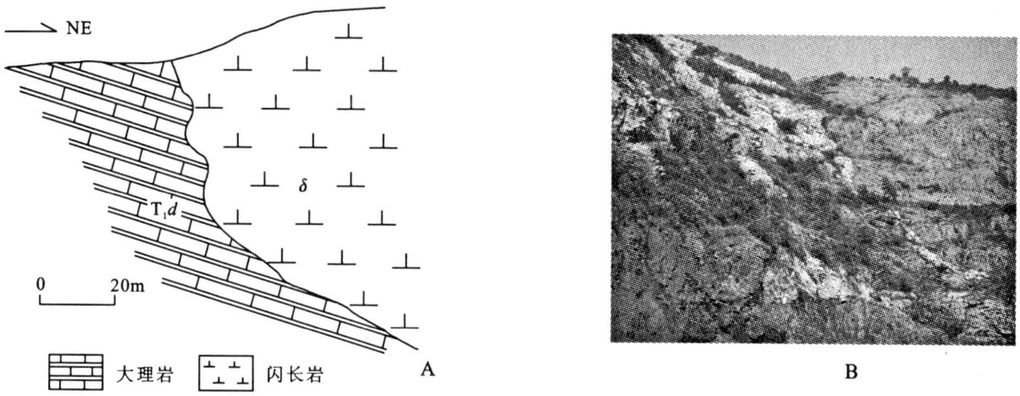

图 2-11　象鼻山大理岩与闪长岩的接触关系

A. 素描图；B. 相片

c. 接触带呈波状起伏，大致倾向岩体，局部互相穿插，似岩脉状贯入围岩，切割围岩。

2)采坑南西壁

上部大理岩形成背斜，核部是褐铁矿体，呈囊状产出，长 10m，高 5m，未见底。褐铁矿呈褐色蜂窝状、胶状，由原生磁铁矿氧化形成。褐铁矿是针铁矿、水铁矿、纤铁矿、水纤铁矿及一些杂质的细分散混合物的总称，肉眼不易区分，常具土状或半金属光泽，硬度及比重(相对密度)不定，条痕为褐色，可与磁铁矿、赤铁矿相区别。褐铁矿中还可见绿色胶状、肾状、皮壳状孔雀石(土状者为铜绿)，条痕浅绿色，玻璃到金刚光泽，遇稀盐酸起泡，为黄铜矿氧化产物。岩石孔洞中可见透石膏。新鲜开采面上可见致密的磁铁矿，似铁浆冷凝的产物，少见或不见矽卡岩矿物。

3)观察矿石矿物和脉石矿物

黄铜矿　在矿石中呈分散浸染状、星点状产出，具铜黄色，有时蓝褐色。

黄铁矿　在矿石中出现较多，晶体常呈立方体或五角十二面体，颗粒大小不一，说明黄铁矿具有不同的世代。多呈浅铜黄色，也有黄褐色。

在矿石中注意黄铜矿与黄铁矿的区别。黄铜矿一般不具晶形，铜黄色(更像黄金的颜色)，硬度较小，小刀可以刻划；黄铁矿均有完好的晶形，且颗粒一般较大，大者可达 1cm 或更大，浅黄铜色，硬度较大，小刀不能刻划。

磁赤铁矿　除片状镜铁矿外，在矿石中很难用肉眼鉴别，常呈致密块状，与磁铁矿相似，呈钢灰色至铁黑色，条痕呈樱红色可与磁铁矿区别。

磁铁矿　致密块状，比重(相对密度)大，具强磁性，能使罗盘指针任意摆动。

菱铁矿　硬度低，风化后呈褐色，加盐酸起泡。

石榴石　晶体常呈粒状或菱形十二面体，多为致密块状集合体；棕色或黄褐色，贝壳状断口，油脂光泽，硬度大。

透辉石　浅灰色、灰绿色，粒状或致密块状集合体，可见解理。

金云母　灰绿色，片状，常呈团状出现。薄片具有弹性可区别于绿泥石。

绿帘石　黄绿色，粒状，有时出现较大晶体，具有完全解理可区别于橄榄石。

方解石　白色或无色透明，粒状，硬度小于小刀，加 5%HCl 剧烈起泡。

铁白云石　白色，有时为鲜艳蓝色，粒状，菱面体完全解理。硬度小于小刀，加 5%HCl 缓慢起小泡。

透石膏　无色透明，板状，呈团块状产出，极完全解理，薄片具挠性，硬度小于指甲。

蛇纹石　黑绿色，致密块状，油脂或蜡状光泽。

萤石　蓝绿色，硬度小于小刀，但加 5%Hcl 不起泡，多组解理区别碳酸盐矿物。

No. 14

［点位］　麻雀垴

［露头］　人工，良好

［点义］　构造观察点

［内容］

灰白色、灰黄色中厚层含角岩条带大理岩。

地层产状(S_0)：280°∠50°

大理岩和角岩的原岩为泥质条带灰岩(T_1d)，经接触热变质作用，泥质条带形成致密坚硬的角岩，灰岩形成大理岩。由于两种岩性能干性不同，受到垂直或近垂直层面方向挤压应力作用，较软弱的大理岩发生塑性流动，其间所夹强硬薄层角岩发生脆性破裂并移动，形成形态各异的长条状断块，即石香肠(图 2－12)。常见有矩形、菱形、不规则状角岩断块(香肠体)。

观察石香肠构造要描述香肠体剖面形态(藕节状、矩形、菱形、复合型等)，测量石香肠构造要素(a－宽度；b－长度；c－厚度；L－纵间隔；T－横间隔)，并利用矩形断裂石香肠进行岩石有限应变测量(计算线应变系数)。

** 石香肠构造(Boudinage)　也称布丁构造，它是在不同性质的岩石相间成层，互相之

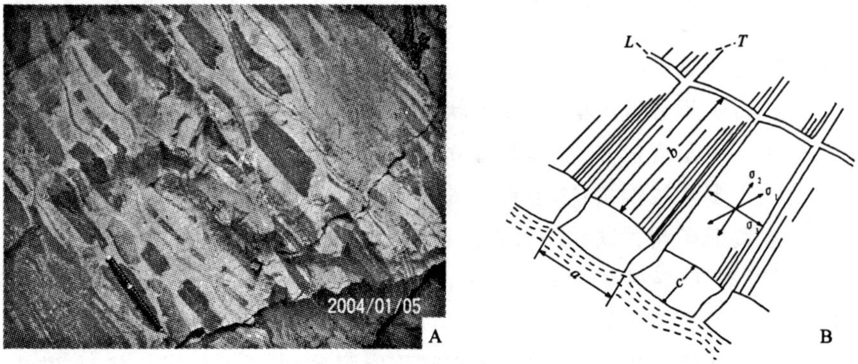

图 2－12　石香肠构造

A. 石香肠相片；B. 石香肠构造要素与应力方位(a－宽度；b－长度；c－厚度；L－纵间隔；T－横间隔)

间具有明显韧性差的条件下，受到垂直岩层挤压而形成的一种构造，形似香肠，故称为石香肠。

铁山地区地质概况（参考资料）

由于铁山岩体侵位，在其与下三叠统大冶组（T_1d）灰岩的接触带上，不但形成了举世闻名的铁山矽卡岩型铁矿，受到了国内外矿床地质学家们的重视，而且在其接触带上，形成了接触热动力变质构造带，广泛发育韧性和脆韧性变形，形成了千姿百态的构造现象（图 2 - 13）。

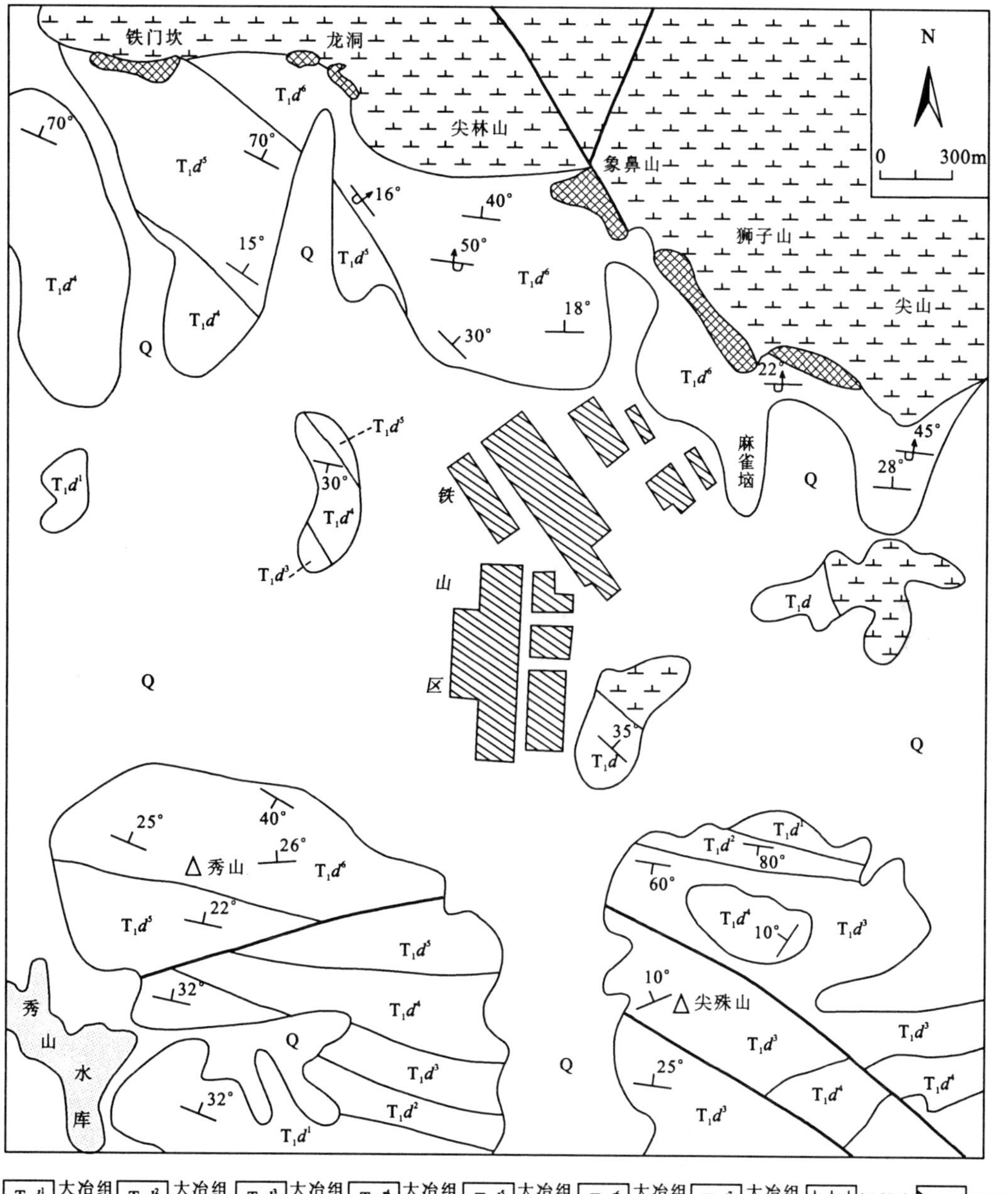

图 2 - 13　铁山地区地质图

1. 地层

矿区范围发育的地层为接触热变质地层，主体岩性由大理岩和角岩构成。变质原岩为下三叠统大冶组灰岩、泥灰岩、白云岩、白云质灰岩以及岩溶角砾岩等。据区域地质资料，大冶组自下而上划分成7个岩性段。第一段至第四段相当于鄂西渝东地区的大冶组；第五段至第七段相当于鄂西渝东地区的嘉陵江组，本文仅介绍其中的第一段至第六段。

大冶组第一段（T_1d^1）　灰黄色薄—中层状透辉石角岩（原岩为泥灰岩），厚30～70m。

大冶组第二段（T_1d^2）　白色中厚层具透辉石角岩条带大理岩，顶部见30cm厚的竹叶状大理岩（原岩为浅灰—灰黄色薄层泥质条带灰岩夹中厚层灰岩），厚40m。

大冶组第三段（T_1d^3）　浅灰黄色具角岩或石榴石条带的薄层大理岩（原岩为灰黄色泥质条带的薄层状含泥质灰岩），厚70～90m。

大冶组第四段（T_1d^4）　浅灰白色含微细石香肠体的微薄层状或薄板状大理岩（原岩为浅灰色微薄层状灰岩），厚65m。

大冶组第五段（T_1d^5）　白色薄板状大理岩夹白色、黑色中厚层大理岩，常见缝合线构造及大块石香肠构造（原岩为浅灰色薄板状灰岩夹浅灰色中厚层灰岩），厚95～136m。

大冶组第六段（T_1d^6）　下部浅褐色薄—微薄层含白云质大理岩；上部白色、黑色厚层状大理岩（原岩为厚层灰岩，薄层白云质灰岩），厚160m。

2. 岩浆岩

铁山岩体出露于大冶市铁山区西北约12km，为鄂东南地区著名的6大岩体之一（鄂城岩体、铁山岩体、金山店岩体、宁乡岩体、阳新岩体、殷祖岩体）。岩体出露面积94km^2，平面上呈不规则的椭圆状，长轴走向NW290°。岩性以闪长岩为主，边缘可见闪长玢岩的冷凝边。岩体出露于黄家向斜北部（图2－14），随着与岩体的距离增加，围岩变质、变形逐渐减弱（图2－15）。同位素资料表明，铁山岩体的年龄值主要在140～130Ma，属于燕山晚期侵入体。

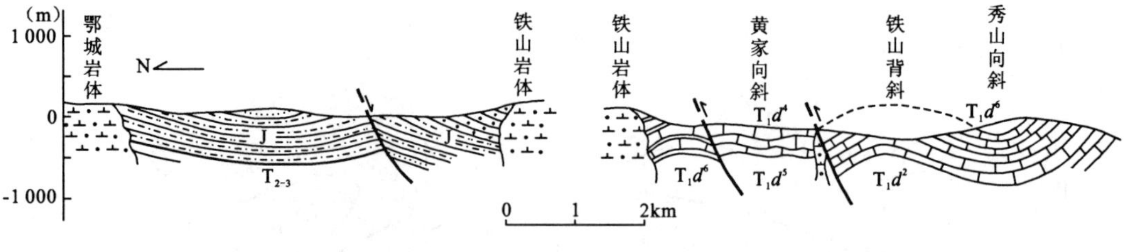

图2－14　铁山岩体两侧构造剖面图（据杨坤光等，1994）

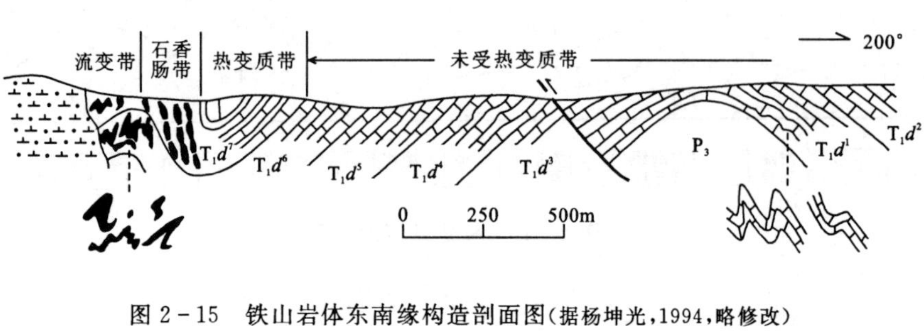

图2－15　铁山岩体东南缘构造剖面图（据杨坤光，1994，略修改）

1)侵入岩

中细粒含石英闪长岩 灰色,中细粒,全晶质半自形粒状或柱粒状结构,块状构造。矿物组成及百分含量为:更长石62.1%、钾长石18.3%、石英12.6%、角闪石6.2%、副矿物1%左右。

中粒黑云母透辉石闪长岩 暗灰色,半自形到他形不等粒粒状结构或柱粒状结构,主要组成矿物为斜长石65.2%、钾长石7.5%、透辉石17.3%、黑云母7.4%、角闪石0.9%、副矿物成分有磁铁矿、榍石、磷灰石、锆石等。

斑状含石英闪长岩 浅灰色,微带肉红色;中粒似斑状结构,块状构造。主要由斜长石66.1%、钾长石17.2%、石英8.3%、角闪石7.2%,以及少量黑云母、透辉石及副矿物榍石、磁铁矿、锆石、磷灰石等组成。

正长闪长岩 灰色,略带肉红色;中粒半自形柱粒状结构,矿物组成为斜长石63.2%、钾长石21%、角闪石10.2%及少量石英2.3%、透辉石0.9%、黑云母1.5%,副矿物与上述两种岩石相同。

2)脉岩

闪长玢岩 分布在尖山—狮子山东段中细粒含石英闪长岩中,横切矿体,走向NW,倾向SW,宽0.5~1.0m。具斑状结构,斑晶少见。主要矿物成分为斜长石、角闪石及少量石英。

辉绿岩 分布在龙洞、铁门坎采坑北壁中细粒含石英闪长岩、黑云母透辉石闪长岩及正长闪长岩中,走向NW,倾向NE。辉绿结构,局部可见杏仁(方解石、铁白云石)构造。矿物成分主要为斜长石、辉石,少量黑云母、方解石。

云斜煌斑岩 分布在狮子山、象鼻山采坑南壁大理岩中,在象鼻山见切割矿体,走向NW,倾向SW。斑状结构,矿物成分为黑云母、斜长石及碱性长石。

3. 构造

矿区经历了复杂的构造变动,发育有NWW、NNE、NW三个走向方位以及与岩体侵位有关的热动力变质构造等四个构造系统。

北西西向构造 由一系列北西西向(290°~310°)不同等级的褶皱、压剪性冲断层组成。如秀山向斜、铁山复式背斜、陆雁鸿断裂、棺材山压剪性断裂带等。

北北东向构造 由走向NNE5°~30°的褶皱、压剪性挤压带、逆冲断层及其伴生构造所组成。例如麻雀垴背斜、尖山背斜、尖山压剪性断裂带、狮子山采坑北壁断裂带等。具有叠加褶皱特征的麻雀垴背斜就是这一时期形成的代表性褶皱,是燕山运动产物。

接触热动力变质构造 接触热动力变质构造在空间分布上有局限性,构造形迹特征自接触带向外有递变性。接触热动力变质构造主要表现为一系列流变褶皱构造形迹,它仅发育于围绕岩体接触带1km左右范围内。向外,随着大理岩化程度减弱而逐渐变为正常的区域构造。接触热动力变质构造一般表现为紧闭同斜褶皱、平卧褶皱、相似褶皱、具紧闭和尖楞转折端的不协调褶皱、花边褶皱等,此外,塑性流动型香肠构造的发育亦与此相关。

北西向构造 北西向构造形迹在矿区内仅表现为断裂构造。主要由一系列压剪性断裂及伴生的北北西(335°~345°)和北东(40°~65°)的剪裂带所组成。往往切割所有地质体(大理岩、岩体、矿体),部分断裂被挽近期中基性岩脉充填(煌斑岩和辉绿岩)。

4. 矿产

大冶铁山铁(铜)矿床由6大矿体组成,自西而东为铁门坎、龙洞、尖林山、象鼻山、狮子山和尖山矿体，总长约 4 300m。矿体总体呈似层状，赋存于接触带中，产状基本与接触面吻合，其形态有脉状、透镜状、囊状等。矿床以铁为主，铜为辅，伴有多种具有综合利用价值的有益组分，有害杂质含量较低。其中铁品位最高 70%，最低 20%，一般 50%～60%，平均 53%；铜品位最高达 12%，最低 0.1%，一般 0.2%～1%，平均 0.58%。可以回收利用的有益伴生组分有 Co、Au、Ag，其他尚有 Mn、V、Ti、Cr 等，有害杂质除 S 外，As、P、Zn 等含量较低。

主要围岩蚀变类型有矽卡岩化、钠化、钾化、硅化、碳酸盐化、绿泥石化、蒙脱石化等，矿化主要与前三者关系密切。透辉石、石榴石、硅灰石、金云母是组成矽卡岩的基本矿物。

路线 5　秀山构造观察

任务：

（1）观察下三叠统大冶组岩性特征；

（2）观察缝合线构造，绘制素描图并照相；

（3）观察秀山次级背斜，测量褶皱要素，绘制素描图并照相；

（4）观察层间褶皱，绘制素描图、照相，并分析成因；

（5）观察秀山平移断层，绘制平面示意图并照相。

No. 15

[点位]　陆雁鸿村山边民房后

[露头]　天然，良好

[点义]　褶皱构造观察点

[内容]

①灰色薄层灰岩（T_1d^4）

②观察露头上形态各异的小型层间褶皱（箱状、圆弧、尖棱、挠曲）（图 2－16），测量褶皱的要素（两翼产状、枢纽产状和轴面产状），画素描图（照相）；分析总结层间褶皱的形态特征及空间展布规律。

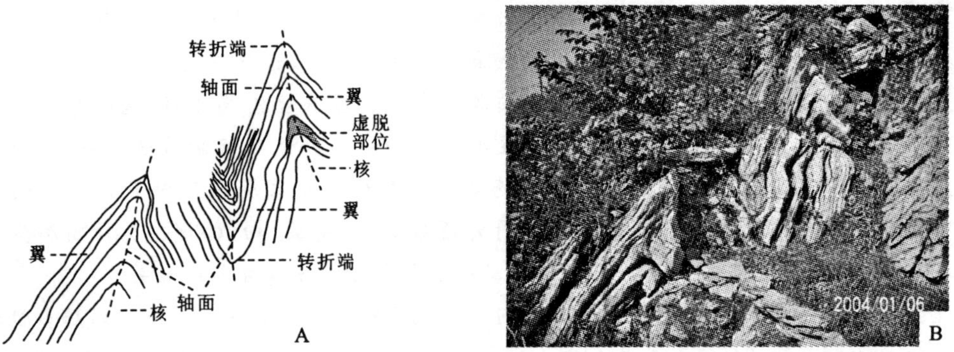

图 2－16　大冶组中的层间褶皱（A. 素描；B. 相片）

No. 16

［点位］　秀山南东山坡
［露头］　天然，良好
［点义］　构造观察点
［内容］

灰色、深灰色泥质条带灰岩（T_1d^3）

风化面浅灰色、浅褐灰色，新鲜面灰色、深灰色；微晶结构，条带状构造。主要成分为微晶方解石，含量80%左右。岩石中夹泥质条带，泥质条带风化后呈灰黄色，厚数毫米至1cm。局部发育少量垂直或近垂直层面的生物钻孔构造。

观察点处见一斜歪背斜，地表出露宽度约30m。转折端呈圆弧形，发育轴面劈理，受后期地表降水影响，发育成较宽的溶沟；两翼产状不等，南西翼倾角较陡，北东翼倾角较缓。

区域上秀山为一向斜，观察点所见的小型褶皱属于秀山向斜的次级背斜。

观察点西约50m（山顶）为灰色、浅灰色薄层灰岩（T_1d^4），发育不同类型小型层间褶皱，并见丘状交错层理（图2-17）。

＊＊丘状交错层理（hummocky cross bedding）　由一些较大的宽缓波状层系组成，外形上像隆起的圆丘状，向四周缓倾斜。是在正常的浪基面以下风暴浪基面之上的陆架地区，由风暴浪形成的一种重要的原生沉积构造。

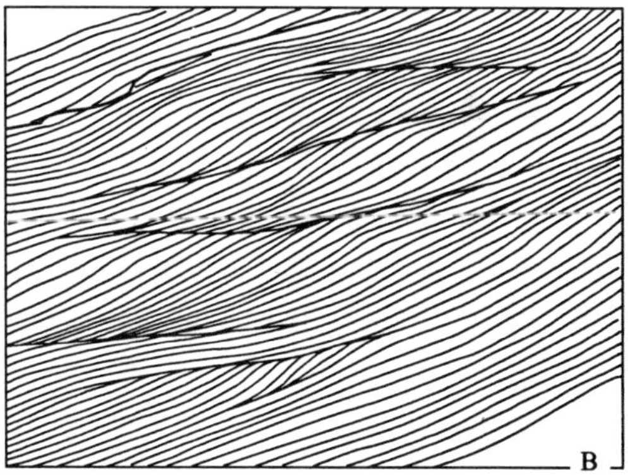

图2-17　具丘状交错层理的灰岩（A.相片；B.素描）

观察点处丘状交错层理发育于大冶组第四段（T_1d^4）底部，由细晶灰岩构成，其下为具粒序层理的含砾屑颗粒灰岩，其上为薄层泥晶灰岩。丘状交错层理的层系呈平缓的波状起伏，层系相互交切，夹角约5°；纹层作缓起伏的发散和收敛状，顶面呈圆丘状；波长中等，约50～80cm，波高较小，约5～10cm。

No. 17

［点位］　秀山北坡采石场，山腰
［露头］　人工，良好
［点义］　断层观察点

［内容］

观察秀山北坡采石场陡壁上发育的断层，观察断层角砾岩、擦痕以及断层两侧的脉岩，测量两盘岩层产状及断层面产状，分析断层的性质。

No. 18

［点位］　秀山北坡采石场，山脚

［露头］　人工，良好

［点性］　缝合线构造观察点

［内容］

观察缝合线构造形态特征及类型；观察缝合线与层理的关系；分析缝合线构造的成因。

①观察点处发育的地层为大冶组第六段（T_1d^6）浅灰色中厚层灰岩；

②缝合线内发育残留的泥质和铁质物；

③可见缝合线类型主要有：锯齿状、浪花状、城墙状、马牙状，还可见锯齿—锯齿复合型和锯齿-垛口复合型（图 2－18）；

④根据缝合线与层理的关系，可以分为顺层缝合线和切层缝合线。

＊＊缝合线　常见于石灰岩、大理岩中，石英岩中也可见到。在岩石剖面上呈锯齿状曲线，状如动物头盖骨中的接合缝，在平面上是起伏不平的面。通常与岩层面大致平行，也可斜交或垂直。缝合线主要由围岩、缝合面和缝合膜三要素组成。围岩是缝合线两侧的岩石，缝合面是围岩的溶解面，即缝合膜与围岩相结合的两个同向凹凸复杂曲面，缝合膜是围岩间夹一层与围岩的成分、结构和颜色不同的薄膜状岩石。

缝合线的成因一般认为是在上覆岩层静压力下，岩石受到沿其各种缝隙、粒间空隙进入的地下水的不均匀溶解并相互挤压形成。由于方解石、白云石、菱铁矿分别与含 CO_2 的水进行反应中，以方解石需要的平衡温度和平衡压力最小，因此当石灰岩处于某一地温时，含量最多的方解石在较小的压力下就可以溶解，而含微量的白云石、菱铁矿不能溶解，同其他不溶性物质一起残留聚集在溶解面上，经压实而成缝合膜，形成缝合线。

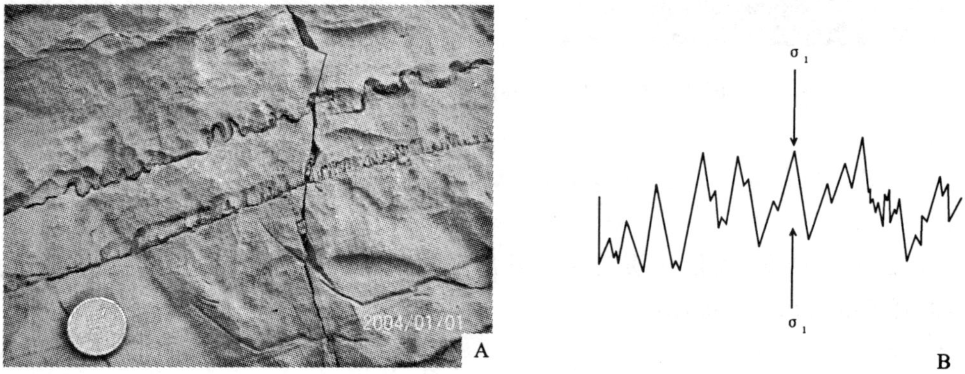

图 2－18　秀山采石场缝合线构造（顺层发育）

A. 垂直层面方向形态（相片）；B. 缝合线锥与主应力轴的关系

路线6 校园矿物、岩石及化石观察

任务

(1)观察描述校园中常见的矿物、岩石类型。

(2)观察斜层理、波痕等沉积构造,并做素描图。

(3)观察描述冰川漂砾。

(4)观察硅化木和叠层石,分析其成因及地质意义。

No. 19

[点位] 中国地质大学主楼

[露头] 人工建筑

[点义] 岩性观察点

[内容]

①观察主楼大门柱面上的花岗岩,描述岩石的颜色、结构、构造及成分特征,识别暗色矿物以何种矿物为主,观察包裹体的主要矿物成分;

②观察主楼大门口两侧石凳,确定其岩石类型,描述岩石特征。

花岗岩(酸性深成岩) 二氧化硅含量多在70%以上。具花岗结构(全晶质粒状结构)或似斑状结构,块状构造,常见球状风化。颜色较浅,以灰白色、肉红色者较常见。主要由石英、长石和少量黑云母等暗色矿物组成。石英含量为20%~40%,碱性长石多于斜长石,约占长石总量的2/3以上。按所含矿物种类,可分为黑云母花岗岩、白云母花岗岩、角闪花岗岩、二云母花岗岩等;按结构构造,可分为细粒花岗岩、中粒花岗岩、粗粒花岗岩、似斑状花岗岩等。

岩溶角砾岩 在地下水活动的石灰岩发育区,常可见到由于溶洞顶壁垮塌堆积形成的角砾岩。这种角砾岩有广泛的分布,并且在地层上有固定的层位,而且一般在深处被膏盐层所取代。其特点是角砾通常为板状碎片及各种大小的石灰岩碎块,杂基仍是碳酸盐质或风化的红土质。

No. 20

[点位] 中国地质大学主楼与网络学院之间的小路上

[露头] 人工路面

[点义] 岩性观察点

[内容]

①识别不同的岩石类型,如花岗岩、辉长岩、辉绿岩、蛇纹岩、大理岩、生物碎屑灰岩等。

②统计花岗岩的种类。

辉长岩 是基性侵入岩分布最广的一种岩石,其化学成分特点是:SiO_2含量45%~52%,K_2O+Na_2O平均为3.6%左右;铁镁矿物含量40%~90%。主要矿物成分为基性斜长石和单斜辉石,次要矿物有橄榄石、斜方辉石、普通角闪石、黑云母,有时含少量钾长石和石英;暗色矿物和浅色矿物含量近于相等,前者略高,故呈暗黑色,色率一般35%~70%;岩石具中至粗粒结构,典型辉长岩具辉长结构。

辉绿岩　一种基性浅成侵入岩。深灰、灰黑色；主要由辉石和基性长石组成，含少量橄榄石、黑云母、石英、磷灰石、磁铁矿、钛铁矿等。基性斜长石常蚀变为钠长石、黝帘石、绿帘石和高岭石；辉石常蚀变为绿泥石、角闪石和碳酸盐类矿物。因绿泥石的颜色而整体常呈灰绿色。

蛇纹岩　主要是由超基性岩受低—中温热液交代作用，使原岩中的橄榄石和辉石发生蛇纹石化所形成。蛇纹岩一般呈暗灰绿色、黑绿色或黄绿色，色泽不均匀，质软，具滑感。常见为隐晶质结构，镜下见显微鳞片变晶或显微纤维变晶结构，致密块状或带状、交代角砾状等构造；矿物成分比较简单，主要由各种蛇纹石组成。

大理岩　是由石灰岩、白云质灰岩、白云岩等碳酸盐岩经区域变质作用和接触变质作用形成，方解石和白云石的含量一般大于50%，有的可达99%。但是除少数纯大理岩外，在一般大理岩中往往含有少量的其他变质矿物。由于原岩中所含的杂质种类不同(如硅质、泥质、碳质、铁质、火山碎屑物质等)以及变质作用的温度、压力和水溶液含量的差别，大理岩中伴生的矿物种类也不同。由较纯的碳酸盐岩形成的大理岩中，方解石和白云石占90%以上。

No. 21

[点位]　中国地质大学二门，"摇篮"碑石

[露头]　人工景观

[点义]　构造观察点

[内容]

①观察、描述石英砂岩；

②观察粒序层理、交错层理，作素描图并照相。

＊＊粒序层理(graded bedding)又称递变层理，是韵律层理的一种类型(图2-19)。它的特点是在每一个沉积单元中都表现出颗粒大小的逐渐变化，通常是从沉积单元的底部到顶部，颗粒由粗逐渐变细，这种粒序性称之为正粒序。如果自底到顶表现为由细粒过渡为粗粒，则称为逆粒序。

＊＊交错层理(cross bedding)是层理基本类型之一。由一系列倾斜层系重叠组成，层系之间界面较平直。层系由同向倾斜的许多细层重叠组成，细层与层系界面斜交。若相邻层系互相平行，各层系中的细层均向一个方向倾斜，称为单向斜层理(图2-19)。它是当沙浪向一

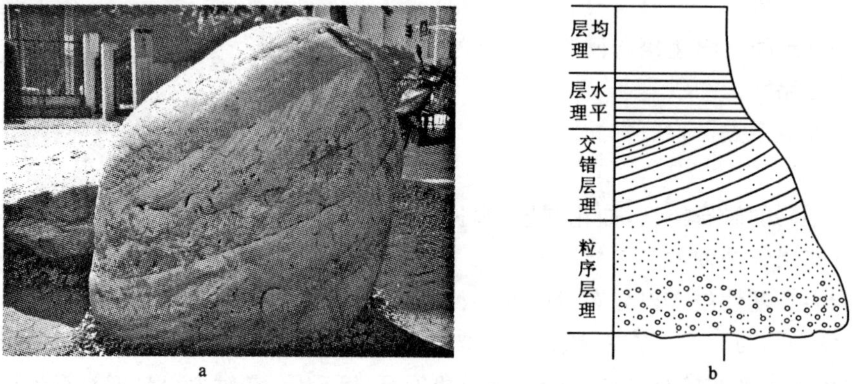

a　　b

图2-19　石英砂岩中的层理构造("摇篮"碑石)

(a.相片；b.不同层理类型示意图)

方向运动时形成的，其细层的倾斜方向指示水流的下游方向，常见于河流沉积及其他流动水的沉积物中。若相邻层系相互交错，各层系中细层的倾斜方向也多变，称为交错层理。

No. 22

[点位] 中国地质大学大门碑石
[露头] 人工景观
[点义] 岩性观察点
[内容] 观察、描述混合岩

混合岩 混合岩化作用形成的变质岩，由基体和脉体两个部分组成。基体是角闪岩相或麻粒岩相变质岩(暗色镁铁质岩)，代表混合原岩，或多或少受到改造，脉体是长英质或花岗质物质，代表混合岩中新生部分。混合岩矿物组成和结构、构造常不均匀。混合岩化作用较弱的混合岩，明显分出脉体(颜色较浅的花岗质或长英质部分)和基体(颜色较深的铁镁质矿物部分)两部分。随着混合岩化作用增强，脉体与基体的界线逐渐消失，形成类似花岗质岩石的混合岩。典型的混合岩有条带状混合岩、眼球状混合岩和混合花岗岩等。

No. 23

[点位] 中国地质大学图书馆前草坪
[露头] 人工景观
[点义] 化石观察点
[内容] 观赏硅化木化石(图 2 - 20)，分析其成因

硅化木 是真正的木化石，是几百万年或更早以前的树木被迅速埋葬地下后，被地下水中的 SiO_2 交代而成的树木化石。除被 SiO_2 交代外，植物木质部还可以被方解石、白云石、磷灰石以至部分褐铁矿、黄铁矿等所交代。硅化木保留了树木的木质结构和纹理。颜色常为土黄、淡黄、黄褐、红褐、灰白、灰黑等，抛光面可具玻璃光泽，不透明或微透明。

图 2 - 20 硅化木(图书馆前草坪)

根据 SiO_2 的结晶情况和程度，硅化木通常可分为 3 个品种。若木质被交代成胶质 SiO_2 即蛋白石，则称蛋白石硅化木；若被交代成隐晶质石英(玉髓或玛瑙)，则称为玉髓或玛瑙硅化木；若被交代成微粒的石英，则称为普通硅化木。硅化木可揭示古植物特征和古地理环境，又可用来观赏，它历来是一种重要的化石观赏石品种。

No. 24

[点位] 中国地质大学图书馆前草坪
[露头] 人工景观
[点义] 冰川漂砾观察点
[内容] 观赏冰川漂砾，识别岩性，观察构造面上的擦痕

冰川漂砾 由冰川搬运到冰前的巨大冰碛砾石。它的粒径可达数米甚至数十米，其搬运

远近以冰川规模大小而定。冰川搬运能力很强，它不仅能将冰碛物搬运到很远的距离，还能将巨大的岩块搬到很高的部位。欧洲第四纪大冰川曾把斯堪的纳维亚半岛上的巨砾搬运到远离千里之外的英国东部、德国、波兰北部和俄罗斯东欧部分。冰川还有逆坡搬运的能力，可以把冰川及其搬运物从低处搬到高处，西藏东南部一些大型山谷冰川，把花岗岩的冰碛砾石向高处搬运达200m。具有磨圆和擦痕的大漂砾，不仅是冰川流动的证据，还可用作测量冰川流向、圈定范围、追索寻找砂矿、原生矿床的标志。

糜棱岩　是强烈破碎塑变作用所形成的变质岩。往往分布在断裂带两侧，由于压剪性应力的作用，使岩石发生错动、研磨粉碎，并由于强烈的塑性变形，使细小的碎粒处在塑性流变状态下而呈定向排列。糜棱岩的粒度细小，但一般比较均匀，外貌致密，坚硬，需借助显微镜才能分辨颗粒轮廓。有时在断面上可见透镜状定向排列的碎斑。糜棱岩常由花岗质岩石和砂岩类岩石形成，所以主要矿物成分是石英和长石，并常被压扁、拉长，石英碎粒还可出现平行光轴的波状消光带。在磨碎的基质中有时残留有稍大的石英、长石单个晶粒(或碎屑)，或由两者集合构成的“眼球体”。眼球体中同样可见波状消光和解理双晶纹的弯曲。糜棱岩常具有糜棱结构，条带状或纹层状构造。条带和纹层的形成系由矿物成分、颜色、颗粒大小等差别造成的。糜棱岩也常见一些新生矿物，如绿泥石、绢云母、多硅白云母、绿帘石、滑石、蛇纹石等。这些矿物常作定向排列，致使条带构造更趋明显。

No. 25

[点位]　中国地质大学图书馆前草坪

[露头]　人工景观

[点义]　岩性观察点

[内容]　观赏橄榄石玄武岩和玄武岩柱状节理。

熔岩　是涌出地表的熔浆(部分挥发分溢出的岩浆)冷凝形成的岩石。其形成温度约为700～1 200℃，粘滞度从10万倍于水到几乎不能流动的程度。深色的铁镁质熔岩往往形成绳状熔岩和渣状熔岩。绳状熔岩表面光滑，轻微起伏或呈宽丘形。液态熔岩流在具有静态可塑性的表层下面反复拉拽和褶皱，使地表形状酷似缠绕的绳卷。与绳状熔岩不同，渣状熔岩表面非常粗糙，覆盖一层疏松碎块。稀薄的玄武岩熔岩流通常含有许多气泡。厚熔岩流的热量能保持很长时间，凝固前大部气体已经逸出，因此所含气泡较少，结构致密。

玄武岩　是一种基性喷出岩，其化学成分与辉长岩相似，SiO_2含量变化于45%～52%之间，K_2O+Na_2O含量较侵入岩略高，CaO、Fe_2O_3+FeO、MgO含量较侵入岩略低。矿物成分主要由基性长石和辉石组成，次要矿物有橄榄石、角闪石及黑云母等；岩石均为暗色，一般为黑色，有时呈灰绿以及暗紫色等；呈隐晶结构或斑状结构，常见气孔构造和杏仁构造，有时可见渣状构造、绳状构造和柱状节理构造，在海底和水下喷发的玄武岩，常具有特殊的枕状构造。玄武岩一般以熔岩方式产出，多形成大面积熔岩流、熔岩被、熔岩台地或盾形火山锥。

No. 26

[点位]　中国地质大学图书馆前草坪

[露头]　人工景观

[点义]　叠层石观察点

[内容]　观赏叠层石，了解叠层石的地质意义。

叠层石(stromatolite)　叠层石(图 2-21)是前寒武纪未变质的碳酸盐沉积中最常见的一种“准化石”，是原核生物所建造的有机沉积结构。由于蓝藻等低等微生物的生命活动所引起的周期性矿物沉淀、沉积物的捕获和胶结作用，从而形成了叠层状的生物沉积构造。叠层石的基本构造单位叫基本层，一般为弧形或锥形。基本层构成集合体呈柱状、锥状、棒槌状等形态，有的呈墙状。

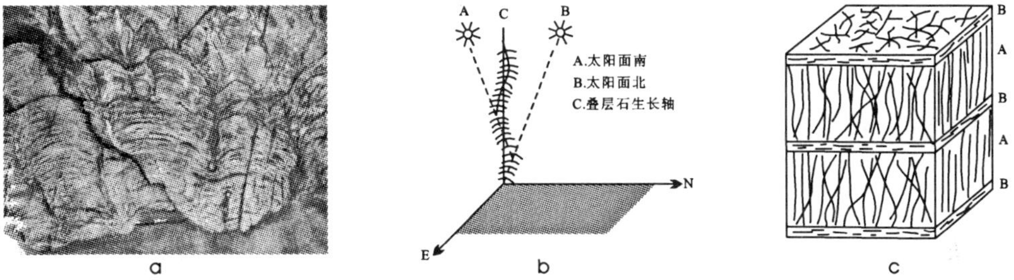

图 2-21　叠层石化石及形成示意图

a. 相片；b. “S”形叠层石生长轴与太阳的关系；c. 叠层石生长与日夜变化的关系

(A. 白天直立生长；B. 夜晚匍匐生长)

中—新元古代(18 亿年前到 5.4 亿年)是地史上叠层石最繁盛的时期，其分布广泛、形态多样。后生动物出现(5.4 亿年)以后叠层石骤然衰落。古生代寒武纪至泥盆纪叠层石数量和分布范围有限，但仍不难见到。泥盆纪以后叠层石只是残存了。现代海相叠层石只分布在澳大利亚、中美洲、中东等地的少数地区的特殊环境中。通常叠层石产出于灰岩和白云岩中，有些叠层石发育在燧石、磷酸盐岩(胶磷矿)中，由磁铁矿和赤铁矿构成的叠层石以及锰叠层石也颇为常见。

叠层石是由若干基本层构成的。基本层上、下相互叠合或套合形成柱体，柱体的不断增长及分叉构成叠层石体(colony)。许多叠层石体聚生在一起构成叠层石礁。

现代叠层石主要生长于潮间带，生活于水下，但可露出水面。水体可以是正常海水、亦可以是咸化或淡化泻湖。叠层石的生长需要以下条件：①蓝藻藻丛的生长发育；②有一定数量的细小沉积颗粒供蓝藻的胶鞘粘附；③水底的底流不太强烈，水底物质的点位相对稳定；④叠层石增长速度大于它的剥蚀速度；⑤叠层石在生长过程中应迅速得到固结，否则就会垮塌，不能具备形态学特征。

路线 7　白云洞地下水地质作用及风化壳观察

任务

(1)观察岩溶现象，了解岩溶发育的基本条件。

(2)观察泉水，了解山区冲沟—河流发育过程。

(3)观察现代风化壳

No. 27

[点位]　白云洞口

［露头］ 天然，良好

［点义］ 认识上石炭统(C_2)岩性，了解岩溶发育条件，观察岩溶地质现象。

［内容］

①了解白云洞地区地质背景(图 2 - 22)；

②认识上石炭统(C_2)巨厚层状白云质灰岩、白云岩，测量产状；

③了解岩溶发育的基本条件，分析白云洞成因；

④观察岩溶水的动态及岩溶景观。

⑤水平径流带　饱水带，地下水常年水平方向流动，岩溶作用最强烈，形成溶洞、暗河、伏流。

⑥垂直渗流带　沿垂直裂隙和管道向下渗流，形成漏斗、落水洞及竖井；洞壁上形成幔柱式石钟乳。

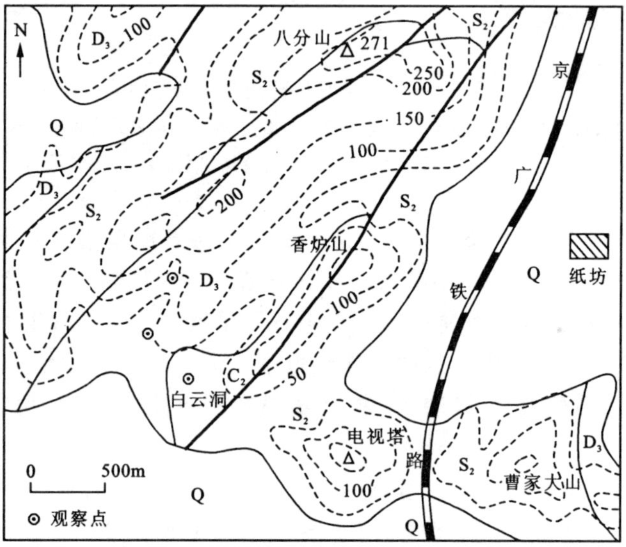

图 2 - 22　江夏纸坊白云洞附近地质简图

＊＊岩溶发育基本条件：①岩石的可溶性　应为可溶性岩类(石灰岩、大理岩、白云岩等)；②岩石的透水性　岩石的孔隙率、连通性等；③地下水的溶蚀能力　二氧化碳的含量、水的饱和状态、压力、温度等；④地下水的流动特征　是否流动、流速快慢等。

＊＊白云洞成因：白云洞发育于白云质灰岩中，岩石具有可溶性。岩石中发育两组裂隙，其产状分别为 290°∠70°、25°∠75°，两组裂隙走向近直交，前者垂直向斜轴向，由拉伸产生裂隙，后者平行向斜轴向，为伴生的反扇形张节理，下宽上窄，所以岩石透水性良好。本地区地处炎热潮湿的亚热带，地下水有强的溶蚀能力。溶洞中有地下河发育，地下水具明显的流动性，促使岩溶不断发育。

以上可以看出，岩溶发育的基本条件全面具备，所以形成了供人游览的白云洞。

No. 28

［点位］ 白云洞

［露头］　天然，良好

［点义］　地貌观察点

［内容］

①观察上石炭统白云质灰岩，测量岩层产状，注意破裂面、溶蚀面与层面的关系；

②观察溶沟、石芽、落水洞、漏斗等岩溶地貌特征；

③观察地貌特征，分析片流、洪流和河流的发育过程。

观察点北西为武昌县城西的八分山，主峰海拔高 272m，北东为武昌县电视塔山，出露志留系页岩、粉—细砂岩、上泥盆统石英砂岩。两侧出露地层较老，中间为上石炭统白云质灰岩，明显构成了轴向 NE－SW 的向斜。轴部被一条走向 NE－SW 断层切割，在地形上形成纵深的山沟。南东盘上升，具明显的构造剥蚀地形特征。

观察点北地面流水主要来自大气降水，沿断裂可能有地下水以泉水形式转变为地面流水。下雨时，山坡上由无固定流路的细小水流顺斜坡形成片流。

当片流遇到凹凸不平的地面时，便集中到低洼的沟谷中流动而形成洪流，洪流有固定水道。片流和洪流出现在降雨或雨后很短一段时间内，因此称暂时性流水。片流形成的沉积物为坡积物，洪流形成的沉积物为洪积物。许许多多的片流、洪流流到低洼沟中，并有地下水补充汇合成一支水源充足且是经常性流水，即为河流。小河沿陆地斜坡流动，不断汇合归并成为大河入海或入湖。河流形成的沉积物为冲积物。

No. 29

［点位］　泉水沟东坡

［露头］　人工，良好

［点义］　观察风化壳

［内容］

①认识上泥盆统石英砂岩，测量岩层产状；

②观察现代风化壳。

风化壳　是地壳表面由残积物和土壤组成的一层不连续的薄层疏松沉积物。残积物是指残留在原地的风化产物，颗粒常呈棱角状，无分选性，无层理，矿物成分、化学成分、颜色与下伏基岩有一定的关系。风化壳一般具有垂直分带现象(图 2－23)。一般分为土壤层、残积层和半风化层。

土壤层　由腐植层、淋滤层和淋积层组成。腐植层为栗色含有机质、植物根系的土壤；淋滤层由灰黄、褐色粘土及砂土组成，夹少量碎石，该层地表水向下渗透，矿物质被溶解淋滤；淋积层为红色粘土及砂土，夹少量碎石，淋滤层被淋滤下来的矿物质沉淀在该层。

残积层　由较多的原地棱角状碎石组成，夹有少量粘土或砂土。

半风化层　保留了原岩的结构构造特征，但较新鲜基岩疏松，易敲碎，有淋滤的褐铁矿，即岩石被铁染为标志。

基岩　风化壳下大片新鲜未风化的母岩。

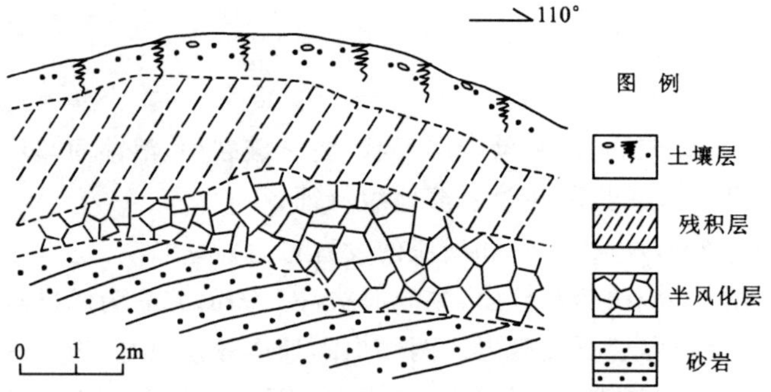

图 2－23　八分山路边现代风化壳

路线 8　阳逻河流地质作用观察

任务

(1)观察长江两岸地貌,简要介绍长江的概况。

(2)观察河流阶地及河漫滩沉积物,分析河流地质作用特点。

No. 30

[点位]　龙口渡南渡口

[露头]　天然,良好

[点义]　观察河流地质作用

[内容]　观察地貌及河漫滩沉积物;观察长江水流动态及侧向侵蚀作用

长江简介(参考资料)

1)堆积地形

心滩　武汉市附近有 3 个较大的心滩,上游金口镇铁板洲、武昌区白沙洲及青山区天兴洲,呈长梳状分布于江心南侧。宽 0.5km 左右,长 3～9km,由河流冲积砂及亚砂土组成。心滩枯水期露出水面,洪水期部分被淹没。长期未被淹没处植被发育,为蔬菜良种培育基地。

心滩形成原因:顺直河床环流状况在平水期和洪水期差别大,平水期河床中央,主流线流速大,表流向主流集中,含沙量小的下降水流对河心基底发生侵蚀作用,沿基底带到河床两岸形成浅滩。洪水期河水上涨、壅水,中央主流线流速大,表流流向两岸,两岸受侵蚀,侵蚀物在河床底部堆积而成心滩,心滩平行于河岸分布。

心滩平水期受侵蚀,仅洪水期动能大,常常是上游侵蚀下游沉积的成沙嘴,当与河漫滩相连时,也可以成为河漫滩的一部分。

河漫滩　河漫滩是平水期露出水面、洪水期河水溢出河床淹没部分。长江该段弯曲(观察点处位于渡口南西侧),江水形成单向环流,江北岸为凹岸,明显受侧向侵蚀,基岩出露。南岸为凸岸,侧向侵蚀的产物从凹岸带到凸岸沉积,形成边滩。洪水期,河水溢出河床,在宽几倍的谷底上流动,由于水流断面加大而导致流速减小,被洪水携带的大量碎屑物逐渐沉积在边滩之上,即覆盖在原河床相冲积层之上,形成河漫滩相冲积层。沉积物主要为细砂—粉砂—粘土,具水平层理或平缓的波状层理，从剖面上看，一般具有二元结构的特点（本观察点未出露）。当河流迂回不大时，河漫滩不发育。

河流阶地　不同地史时期河谷底部（河床及河漫滩部分）由于构造运动（地壳升降运动）、河流下蚀作用加强，河谷底部被抬升超过一般洪水期水面之上，呈阶梯状平台地貌分布于河流两侧，称河流阶地。

长江一级阶地—冲积平原。全新世(Q_4)早期，地壳稳定下降，两侧丘陵、残丘及岗状平原以剥蚀为主，长江南岸河床充填到冲积平原，水系直接流入长江。到了全新世晚期，地壳抬升，长江下切形成南岸一级阶地。其特点是：阶地面高程 20～22m，高出水面 1～7m，平坦宽阔，宽度 1～6km，最宽可达 1 0km 以上，阶面向江心及下游倾斜，河渠纵横，阶地后缘形成很多河流壅塞残留湖，沉积湖积淤泥，部分沼泽化，局部形成湖泊阶地。由全新统亚粘土、亚砂土、粉砂、砂砾石组成，大致分布于红钢城一带。

二级阶地。晚更新世(Q_3)晚期，地壳上升，形成了二级阶地，其特点是保留不完整，零星分布于长江南岸一带，此时鄂东南山区有冰川活动，为黄灰色冲积物，是气候严寒干燥的产物。

2)剥蚀-堆积地形

三级阶地——岗状平原。中更新世(Q_2)，气候湿热，地壳稳定。广泛分布的丘陵、残丘和周围高地遭受强烈风化剥蚀作用；到了中更新世晚期，地壳发生差异升降，形成的河谷被抬升形成三级阶地，特点是：高程 30～40m，高差 15～25m，坡度 6～7°；冲沟发育，地形波状起伏，个别地方有滑坡，与二级阶地呈缓坡接触，局部有陡坎，由红色网纹红土、亚粘土组成。高程大致相当于中国地质大学所处的位置。

高阶地。位于长江北岸，即大别山南麓。砾石层分布广泛，地貌上构成了高程 50～90m 的基座阶地，受后期侵蚀切割，阶地丘陵化。砾石层在平面上呈不连续状分布，呈残丘零星出现，为早更新世(Q_1)晚期地壳上升发源于大别山南坡的古倒水河河床冲积物抬升形成。

长江，古称江、丽江、丽水，到六朝后才通称长江。它为东西流向，流程长，横贯我国西部、中部至东部入海。长江是我国最长的河流，仅次于南美的亚马逊河和非洲的尼罗河，居世界第三位。武汉居其中游。

长江发源于青藏高原唐古拉山主峰——格拉丹冬雪山西南侧的沱沱河，至武汉已行程 5 100余千米。入东海还有 1 280km，全长约 6 300km。湖北省境内枝江—城陵矶（岳阳北）段称荆江，江苏扬州以下称扬子江。源头至宜昌南津关为上游，长 4400km；中游至江西湖口，长 1 000km；下游至入海口，长 840km。上游落差大，水流湍急，发育有瀑布，下蚀作用强烈。中游下蚀弱，湖北监利以下水面均在侵蚀基准面以下，不再有下蚀作用，但侧蚀作用加强，河流弯曲，如荆江河段直线仅长 87km，河道却长 249km。

长江流域面积 180 万 km^2，流经 14 省 2 直辖市，水流量近 1 万亿 m^3，相当黄河的 20 倍，占全国河流入海量的 42%。年输沙量 5 亿吨。支流 700 多条，总航程 70 000km。流域内湖泊众多，仅湖北省境内有大小湖泊 1 063 个。解放前，长江流域常泛滥成灾，1931 年仅汉口被淹 3 个月之久，夺去了 3 万人的生命。解放后，修筑堤防 3 万多千米，水电站 2 万多座，水库 5.5 万多个。葛洲坝工程、三峡大坝的修建，使防洪排涝能力不断加强。

湖北省占据了长江部分上游及中游，与长江紧密相关。武汉一带，江水深 45m，水面坡度 0.025‰。即每千米下降 0.025m。流速 3m/s，江宽 1 000～2 000m，水位变化大，最高处 29.73m，最低仅 10.93m。江底沙砾层厚 25m，水温平均 16～19℃，pH 值 6.7～7.8，为弱碱性水，矿化率 0.179～0.844g/L，属淡水型。

No. 31

[点位] 龙口街南西，倒水河口
[露头] 天然，良好
[点义] 观察边滩沉积物特征；观察现代波痕
[内容]

①河口是河流沉积的重要场所，受长江水顶托作用，倒水河在流入长江时，流水速度减慢，水流的机械搬运能力迅速降低，倒水河带来的大量泥沙在流入长江的河口区向下游形成宽 100m 左右的边滩。边滩呈半月形，近倒水河口沉积物数量多，颗粒较粗，为细砂级；向长江下游方向沉积物减少，颗粒变细，为粉砂级。

②沉积物表面形成流水波痕，波痕呈新月形，波峰、波谷较圆滑，呈不对称状，陡坡倾向与流水方向一致。

No. 32

[点位] 龙口街北，房屋旁
[露头] 人工，良好
[点义] 观察高阶地砾石层；观察 Q_1 与 K－E 接触关系
[内容]

1）观察基座阶地（图 2－24）

K－E 为紫红色块状粉砂岩，虽然风化强烈，但明显固结程度较高，受新构造运动影响，产生断裂，断裂面上可见擦痕和白色钙质薄膜。产状 220°∠36°。

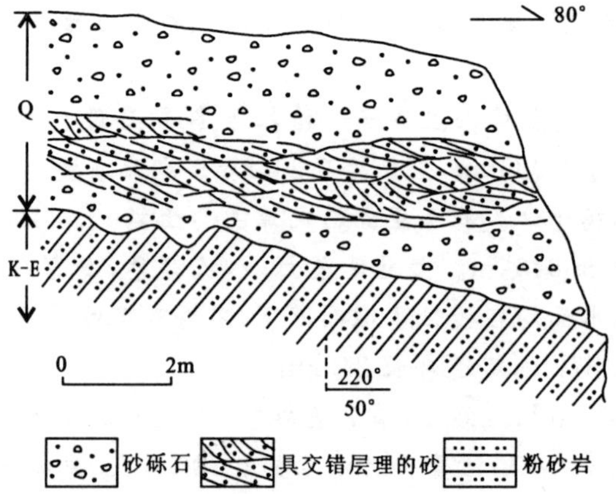

图 2－24 阳逻龙口基座阶地

Q_1：下部为棕红色砾石层，砾石直径大小多为 6～8cm，最大砾石可达 20cm。砾石组分以脉石英含量最多，约占 60%～70%，其次为石英岩，含量约 15%，硅质岩和燧石含量约 8%～10%，此外还含有少量片麻岩、火山岩（玄武岩）、粘土岩和粉砂岩（K－E）砾石；砾石分选中等，扁平面具明显定向排列，多数倾向北西，局部具叠瓦状构造。砾石表面多被铁染，胶结物为砂土，具黄褐色、褐红色团斑或条带，内部弱网纹化。

中部为浅紫红色含砾中-粗粒砂层。砾石含量约10%，砾石均为近源的粘土岩砾石；砂粒分选极差，砂层内发育交错层理。根据交错层中细层倾角差异，可判断由5～6个楔状、透镜状砂层组成。

上部为褐黄色砾石层，其特征同 Q_2 下部砾石层，其间常见透镜状砂夹层。

Q_1 与 K－E 呈角度不整合接触，在地貌上构成了基座阶地。

2)观察角度不整合

Q_1 产状水平，K－E 产状倾斜(220°∠30°)，二者呈角度相切；界面上、下成岩作用有明显差异，下部基本固结成岩，上部松散；形成时间和埋深明显不同；二者接触面呈波状起伏，并断续可见薄层氧化铁或氢氧化铁，为古风化壳产物，反映存在沉积间断。

No. 33

[点位] 龙口大坝南侧

[露头] 人工，良好

[点义] 岩性观察点

[内容] 观察砾石层

砾石层可分为上下两层(图2－25)。

上层为 Q_1^2 砾石层。

下层为 Q_1^1 砾石层。

砾石组分：脉石英约30%～40%，石英岩约25%～35%，石英砂岩约10%～15%，硅质岩和燧石占约20%，火山岩、片麻岩、粘土岩和粉砂岩砾石约占2%，偶见玛瑙砾石(粉红色，透明，有细密的条纹，异常美丽)，含有砂金(已被开采)；砾石粒径3～5cm，以次圆状为主，分选中等，扁平面定向排列，倾向以西为主，具叠瓦状构造，砾石表面新鲜干净；胶结物为黄色砂土，未见底。

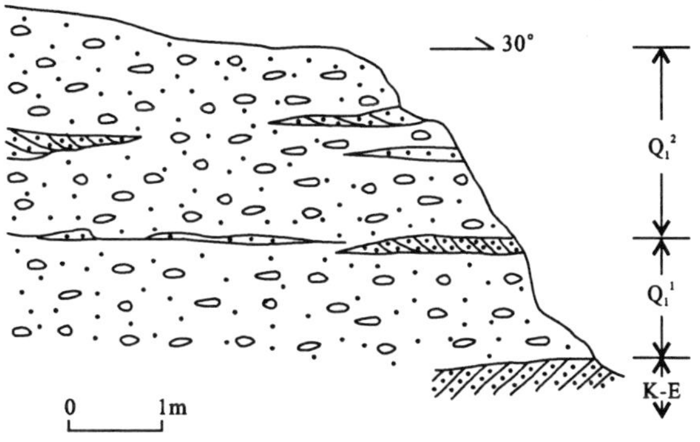

图2－25 阳逻砾石层

上、下砾石层之间发育铁盘，厚1～10cm。接触面呈波状起伏，局部不连续。上部砾石层砾石粗大，夹砂层多，颜色偏红，具网纹状构造。下部砾石层砾石相对较细，颜色偏黄，说明形成的环境具有明显的差异。上部反映气候湿热，高价铁含量高；下部反映气候干凉，高价铁含量低。该观察点砾石层具明显的二分性，但物源区相同。根据叠瓦状砾石倾向所示，砾石来自北东方向大别山区，并非长江河床砾石。砾石粒径较粗大，反映古水流动能较高，加之砾石层中分布不规则的透镜状砂层，初步推测砾石层为辫状河相沉积。

路线 9　中国地质大学逸夫博物馆综合地质教学

任务

(1)参观地球奥秘展厅,了解地球的基本知识。

(2)参观生命起源与进化展厅,了解常见生物结构特征及重要生物群的代表化石。

(3)参观珠宝玉石展厅,欣赏宝玉石,了解常见宝玉石的基本鉴定特征。

(4)参观矿物岩石展厅及矿产资源展厅,认识常见的矿物、岩石及矿产。

内容:

一、地球奥秘展厅

(1)观看墙壁上的电子影像,了解地球在太阳系中的位置及状态;简单介绍宇宙及地球的形成及年龄;

(2)观看磁悬浮地球,了解地球的自转状态,了解赤道、黄道等概念及季节形成的原因;

(3)参观候风地动仪,体验地震震感;分析地震的成因,复习板块构造学说的基本知识。

教学参考资料

大爆炸理论(宇宙的形成)　宇宙是不断膨胀的,而且由于引力的作用,膨胀的速度会随时间变化。万有引力作用于宇宙一切物质与能量之间,起到刹车的作用,阻止星系外跑,从而使膨胀速度越来越慢。在诞生初期,宇宙从高密度状态迅速膨胀,随时间的推移,宇宙体积越来越大,膨胀速度越来越小。将此过程回溯到宇宙创生的那一刻,可以发现当时宇宙体积为零,而膨胀速度为无限大,这就是大爆炸。大爆炸最初的 1s 是宇宙史上的一道分水岭。在此时刻以后,宇宙的温度已降到一定程度,能用现有的物理知识来描述,从而获得一幅大致准确的宇宙鸟瞰图。而在 1s 之前,致密、高热的宇宙是一堆人类尚无力了解其行为的粒子,现有的物理规律不足以描述其行为,这是黑箱式的 1s。根据大爆炸理论计算出宇宙的年龄约 140 亿年。

吸积模式(地球的形成)　原地球吸积阶段:星际分子云的不稳定性会导致缓慢旋转的星云核发生坍塌,其中心部分形成恒星,外部扁化为星云盘。星云盘中的高温凝聚物通过非重力粘结作用和重力不稳定性由微米级生长成直径为 1～10km 的星子。千米级的星子一旦形成,重力就在它们中间引起碰撞。关于吸积形成地球的星子群大小在形成地球不同阶段的分布,现代宇宙学模式倾向性认为,在星子组合形成地球之前,因为失控吸积过程的发生,在星子群中发展形成一个月球或水星般大小的中间物体,也称为"地球胚"。晚期吸积阶段:在原地球形成后,其轨道区域内的残存小星子群将最终被它清除掉,构成了地球的晚期吸积阶段。晚期吸积阶段的星子群之间的化学成分是不均一的,它们不同于地球上现已发现的任何陨石或者它们的组合,形成地球的星子至少比球粒陨石具有更富的难熔亲石元素和亏损挥发性元素。有关这一阶段的星子体积大小及其数目,还无法从目前的研究成果中加以说明。

地球的年龄　200 年来,科学界和人们一直争论着地球的形成和年龄。1650 年,大主教乌斯赫宣布世界是公元前 4004 年创造出来的。1897 年,法国物理学家亨利·贝克勒尔公布了放射性的发现,对地球年龄测定提出了科学的方法。目前一般认为地球大致形成于 4 600Ma 前后。地球上最老的岩石发现在格陵兰,同位素年龄为 3 980Ma。

赤道与黄道　赤道是地球表面的点随地球自转产生的轨迹中周长最长的圆周线,赤道半径 6 378.137km，赤道周长 40 073.7km。它把地球分为南北两半球，其北是北半球，其南是南半球，是划分纬度的基线，赤道的纬度为 0°，赤道是地球上重力最小的地方。黄道是在一年当中太阳在天球（研究天体的位置和运动而引进的假想圆球）上的视路径，是地月系质心绕太阳公转的瞬时平均轨道平面与天球相交的大圆。

季节的形成　季节是每年循环出现的地理景观相差比较大的几个时间段。不同的地区，其季节的划分也是不同的。对温带而言，一年分为春、夏、秋、冬四季；而对于热带草原只有旱季和雨季。在寒带也能分出四季。季节更迭的根本原因是由于地球的自转轴没有垂直于轨道平面，所以赤道平面不与黄道平行，而有 23°26′的夹角，这就是所知的黄赤交角。在不同的季节，南、北半球所受到的太阳光照不相等，日照更多的半球是夏季，另一半是冬季。春季和秋季则为过渡季节，当太阳直射点接近赤道时，两半球的日照情况相当，但是季节发展的趋势却是相反，当南半球经历秋季时，北半球是春季。

二、生命起源与进化展厅

（1）观察澄江生物群的代表性化石，了解寒武纪生命大爆发的意义。

（2）观赏关岭创口海百合及梁氏关岭鱼龙等化石，了解关岭生物群。

（3）观赏恐龙和鸟类化石，了解热河生物群和鸟类的起源。

教学参考资料

寒武纪生命大爆发　人们把寒武纪（距今 5.4 亿年）动物生命的迅速适应辐射，称为“寒武纪生命大爆炸”（Cambrian Explosion）。寒武纪被称为创造“门”的时代，从原口动物各门到后口动物各门，各种基本造型都已奠定，其化石广布于世界许多地方。按新老次序可以分为三大幕。第一幕：梅树村期小壳动物（最早的骨骼动物）；第二幕：筇竹寺期的澄江动物群；第三幕：中寒武世的布尔吉斯页岩动物群。过去认为寒武纪是三叶虫的时代，事实表明三叶虫只是当时生物群落的极小部分。造成错觉的原因是三叶虫这种蜕壳的节肢动物保存潜力大，其真实数量被无形地夸大了。

澄江生物群　1984 年 7 月 1 日，云南省澄江县帽天山发现了时代为寒武纪早期（距今约 5.3 亿年）的化石群，称为澄江生物群。该生物群中各种不同类型的海洋动物软体构造保存完好，千姿百态，栩栩如生，是目前世界上所发现的最古老、保存最好的一个多门类生物化石群。由于主要以动物化石为主，因此，澄江生物群也称澄江动物群。澄江生物群出现于寒武纪生物大爆发时期，除了低等植物藻类外，大量代表现生各个动物门类的动物同时出现。也就是说，大多数现生各动物门类化石代表在澄江生物群中都有发现。而在寒武纪之前，除了分散的海绵骨针外，还没有出现过这些动物。这些生物主要门类有藻类、多孔动物门（海绵动物门）、刺胞动物门（腔肠动物门）、鳃曳动物门、动吻动物门（一类生活在沿海底部泥沙中的、体表分节带、无纤毛的假体腔动物）、叶足动物门、腕足动物门、软体动物门、节肢动物门、棘皮动物门以及分类位置不定类群。

澄江生物群化石之丰富，保存之精美，类型之众多，堪与世界著名的布尔吉斯页岩动物群相媲美。两者在属级以上分类单元的组成上非常相似，只是在种级的组成上有很大不同。澄江生物群的时代比布尔吉斯页岩动物群早 1500 万年，非常接近寒武纪的开始期，因而具有更大的研究价值和科学意义。澄江生物群再现了距今 5.3 亿年前海洋生物世界的真实面貌，充分显示出寒武纪早期生物的多样性，将绝大多数现生动物门的演化历史追溯到寒武纪开始，为揭示早期生命演化"寒武纪大爆发"的奥秘提供了极其珍贵的证据。

关岭生物群　关岭生物化石群位于贵州西南部，紧邻黄果树瀑布风景区。生物群产于晚三叠世地层中，距今约2.2亿年，其中的海生爬行动物种类丰富，保存完好，举世罕见。海生爬行动物与棘皮动物海百合共生。海百合茎腕分明，精美纤秀，连结成片，犹如"海底森林"；脊椎动物鱼类，大小各异，游态不同，眼唇大圆，鳞尾欲动；无脊椎动物菊石、牙形石和双壳类（瓣鳃类）等，数量极为丰富，它们共同构成美妙的古海洋深水动物生态系统。关岭生物化石就其地方性和多样性都为世界罕见，它们主要生存于水体较深（约200～500m）的开阔海域，其中海生爬行动物鳍龙类和鱼龙具有三叠纪与侏罗-白垩纪动物群之间的过渡性质，属、种和数量极其丰富，具有明显的地方色彩，是至今世界上发掘出的种类最多、保存最为完整的晚三叠世化石群，为研究这一时期爬行动物的演变提供了难得证据，对海生爬行动物的分类、演化及古生态和古埋藏学都有重要科学价值。

热河生物群　1928年，美国地质学家葛利普在我国辽西进行地质工作时，第一次使用了"热河动物群"这个名称。1962年我国的古生物学家顾知微院士在此基础上提出了"热河生物群"的概念，它包括了动物群和植物群两个方面的内容。热河生物群的化石在我国的发现历史很长，但是从20世纪90年代初开始，才在国际上引起了广泛的重视。热河生物群属于中生代，是一个既充满生气、又承前启后的生物群。它主要生活在以辽西地区为代表的我国北方、蒙古国、俄罗斯的西伯利亚、哈萨克斯坦以及朝鲜和日本等地，距今大约1.2亿年的白垩纪早期。辽西地区不仅是热河生物群分布的中心，而且其独特而完整的陆相中生代地层同样也堪称世界一流，因此才得以保存了今天这样一个世界罕见的化石宝库。它所拥有的世界独一无二的带毛恐龙和丰富的原始鸟类化石，使得这一地区成为研究鸟类起源的圣地。热河生物群中最早发现的重要化石是一些保存完整的早期鸟类，它们填补了鸟类演化在这一地质历史时期的空白，随后是一系列其他重要化石，如哺乳动物、带毛的恐龙、原始的被子植物等的发现，把热河生物群的研究逐步推向了国际前沿。从1995年至今，有关热河生物群的发现和研究，我国学者仅在《自然》和《科学》这两种国际顶尖杂志上就发表了30余篇论文，因此在学术界和社会公众中均产生了较大的影响，并且成为我国地质科学研究中独具魅力的一个研究领域，同时也是我国基础科学研究的一个亮点。

鸟类起源　一是恐龙起源说，这是目前以研究恐龙的专家为首的比较热门的一派；另一派则是综合为非恐龙起源的一派，他们的观点曾长期占主导地位。近年由于中国多种带"毛"恐龙的出现（中华龙鸟、原始祖鸟、孔子鸟、尾羽鸟和意外北票龙等），恐龙起源说逐渐占主导地位。但从生物发展的本质和生物遗传学、发生学、胚胎学的成果综合分析，恐龙起源说还有许多难以解释的事实。

禄丰龙　因模式标本发现于中国云南省禄丰县而得名，也是在中国找到的第一个完整的恐龙化石。兽脚型，生活在三叠纪晚期—侏罗纪早期。禄丰龙身体结构笨重，大小中等（6～7m），头骨较小（相当尾部前三个半脊椎长）。下颌关节低于齿列面，上枕骨和顶骨间有一未骨化的中隙。牙齿小，不尖锐，单一式，牙冠微微扁平，前后缘皆具边缘锯齿。颈较长，脊椎粗壮，尾很长。颈椎10个，背椎14个，荐椎3个，尾椎45个。肩胛骨细长，胸骨发达，胫骨短，耻骨及坐骨均细弱。前肢相当于后肢的1/2长。禄丰龙是浅水区生活的恐龙，主要以植物叶或柔软藻类为生，多以两足方式行走，但在就食和在岸边休息时，前肢也落地并辅助后肢和吻部的活动。

马门溪龙　中国目前发现的最大的蜥脚类恐龙，因模式种发现于中国四川宜宾马门溪而得名。蜥臀目，蜥脚类，体重 20～30t，植食性，晚侏罗世。它的颈特别长，相当于体长的一半，不仅构成颈的每一颈椎长，且颈椎数亦多达 19 个，是蜥脚类中最多的一种。另外，颈肋也是所有恐龙中最长的（最长颈肋可达 2.1m）。与颈椎相比，背椎（12 个）、荐椎（4 个）及尾椎（35 个）相对较少。

有关恐龙绝灭的假说　①陨星碰撞说。6500 万年前，有一颗直径 7～10km 的小行星坠落在地球表面，引起一场大爆炸，把大量的尘埃抛入大气层，形成遮天蔽日的尘雾，导致植物的光合作用暂时停止，恐龙因此而灭绝了。②气候变迁说。6500 万年前，地球气候陡然变化，气温大幅下降，造成大气含氧量下降，令恐龙无法生存。也有人认为，恐龙是冷血动物，身上没有毛或保暖器官，无法适应地球气温的下降，都被冻死了。③物种斗争说。恐龙年代末期，小型哺乳类动物出现，这些动物属啮齿类食肉动物，可能以恐龙蛋为食。由于这种小型动物缺乏天敌，越来越多，最终吃光了恐龙蛋。④大陆漂移说。地质学研究证明，在恐龙生存的年代，地球的大陆只有唯一一块，即“泛古陆”。由于地壳变化，这块大陆在侏罗纪发生的较大的分裂和漂移现象，最终导致环境和气候的变化，恐龙因此而灭绝。⑤地磁变化说。现代生物学证明，某些生物的死亡与磁场有关。对磁场比较敏感的生物，在地球磁场发生变化的时候，都可能导致灭绝。由此推论，恐龙的灭绝可能与地球磁场的变化有关。

三、宝玉石展厅

(1)观赏美丽的宝玉石，分析宝石星光效应的成因。

(2)认识常见的宝玉石，了解鉴别常见宝玉石的特点及鉴定方法。

教学参考资料

宝玉石　广义地说宝玉石是指颜色艳丽、光泽诱人、质地坚韧的矿物或矿物的集合体。人们常说的珠宝既指宝玉石。根据矿物的组成可分为宝石和玉石两大类：宝石是自然界色泽艳丽、光泽诱人、硬度大（摩氏硬度＞6）、化学性质稳定以及粒度大于 3mm 的单矿物晶体；玉石是自然界中色泽艳丽、光泽诱人、硬度较大、化学性质稳定的矿物集合体（隐晶质或胶质）。因此可以简单地说宝石属于矿物，玉石属于岩石。

猫眼效应　当宝石中含有平行排列的丝状包裹体时，丝状包裹体会将入射光反射到宝石的表面。如果宝石表面为弧形，丝状包裹体的反射光将在某一区域集中，从而造成弧形宝石表面存在两头窄、中间宽的亮带，因形似猫眼，故称之为猫眼效应。宝石界仅将具有猫眼效应的金绿宝石称为猫眼，而其他具有猫眼效应的宝石，在猫眼前须加其名称，如红宝石猫眼等。

星光效应　当宝石中含有数组平行排列的丝状包裹体时，则形成像星光似的光带，故称其为星光宝石。通常有四射星光、六射星光等。

常见宝玉石：

钻石　通常将透明度高、包裹体较少、裂隙不发育的金刚石称之为钻石。常呈黄、褐、蓝、绿和粉红等色，以无色为佳。钻石的分级十分严格，通常从 4 个方面衡量：净度、色级、切工与重量。世界上重量超过 620ct（合 124 克）的特大宝石级金刚石共发现 10 粒，其中最大的钻石出自南非的普雷米尔岩管，名为卡利南（Cullinan），重 3 106ct。中国常林钻石，重 158.786ct，列为世界名钻。

红宝石、蓝宝石　属宝石级刚玉矿物(Al_2O_3)。当刚玉晶体中含铬离子时呈红色,含钛呈蓝色,含铁呈绿色,含镍呈黄色等。在宝石界,除将红色宝石级刚玉称之为红宝石外,其他各种颜色的宝石级刚玉均称之为蓝宝石。红宝石以缅甸的鸽血红宝石为上品,蓝宝石则以印度的矢车菊蓝宝石为最佳。世界著名的红宝石为“爱得华兹红宝石”,重167ct,现存于英国自然博物馆。现存于美国自然博物馆的“印度之星”星光蓝宝石,重563ct,为世上最大的一颗优质星光蓝宝石。

祖母绿　属绿柱石族类矿物($Be_3Al_2Si_6O_{18}$),因绿柱石中所含的致色离子不同,可形成几种重要的宝石,如含铬离子时,颜色为翠绿色称之为祖母绿;含铁的天蓝色绿柱石称之为海蓝宝石等。

翡翠　主要组成物质为钠和铝的硅酸盐类矿物,化学式为$NaAl(SiO_3)_2$,属辉石簇,常含有透辉石、钙铁辉石等矿物。翡翠因其颜色不均一,犹如赤色的翡鸟和绿色的翠鸟而得名。高档的翡翠为祖母绿色,半透明,质地细腻,无杂质,无裂痕。

软玉　是以透闪石-阳起石为主,含有少量透辉石、绿泥石、蛇纹石、方解石等矿物的集合体。因矿物的组成不同,软玉常分为白玉和碧玉等几类。白玉:白色,透闪石含量95%,另含阳起石2.2%,绿帘石2%,是软玉中的上品,油脂—蜡状光泽。光泽滋润、质地细腻、宛如羊脂者称为羊脂玉;光泽较差者则称其为白玉。碧玉:菠菜绿色,含较多的绿帘石。

珍珠　属于有机宝石,化学成分主要为$CaCO_3$(文石)91.6%,另含水4%、有机质4%。珍珠以其形圆、光滑、带虹彩晕色为其上品,而古铜色的珍珠则为极品。珍珠多制成项链、戒指等。

四、矿物岩石展厅

(1)了解常见矿物的晶体、集合体形态,观赏矿物的物理性质(颜色、光泽、透明度、解理、断口等)。

(2)结合标本分析重晶石和石英的异同点。

(3)参观常见岩石的结构构造。

五、矿产资源展厅

(1)结合铁山实习,观赏露天采坑模型。

(2)观察了解石油、煤等能源矿产样品,了解能源的战略意义。

(3)观察稀土矿物,了解稀土矿产的战略意义。

教学参考资料

稀土　就是化学元素周期表中镧系元素——镧(La)、铈(Ce)、镨(Pr)、钕(Nd)、钷(Pm)、钐(Sm)、铕(Eu)、钆(Gd)、铽(Tb)、镝(Dy)、钬(Ho)、铒(Er)、铥(Tm)、镱(Yb)、镥(Lu)以及与镧系的15个元素密切相关的两个元素——钪(Sc)和钇(Y)共17种元素,称为稀土元素(Rare Earth)。稀土矿应用广泛,如:镧可以应用于压电材料、电热材料、热电材料、磁阻材料、发光材料(镧粉)、贮氢材料、光学玻璃、激光材料、各种合金材料等;铈可以作为玻璃添加剂、汽车尾气净化催化剂等,Ce:LiSAF激光系统是美国研制出来的固体激光器,通过监测色氨酸浓度可用于探查生物武器,还可用于医学;钕用于制造钕铁硼永磁材料,广泛用于电子、机械等行业。

黑色金属与有色金属　金属是具有光泽、有良好的导电性、导热性与机械性能，并具有正的温度电阻系数的物质。金属是个大家庭，现在世界上有 86 种金属。通常人们把金属分成两大类：黑色金属和有色金属。黑色金属主要指铁、锰、铬及其合金，如钢、生铁、铁合金、铸铁等。黑色金属以外的金属称为有色金属。黑色金属和有色金属的名字，常常使人误会，以为黑色金属一定是黑的，其实不然。黑色金属只有 3 种：铁、锰与铬。而它们都不是黑色的，纯铁是银白色的；锰是银白色的；铬是灰白色的。

第四节 地质认识实习报告编写

地质认识实习报告是对整个实习过程、地质工作方法和地质认识的总结,是野外实践和课堂理论的结合,是评价学生野外实习成绩的主要依据,也是培养学生分析问题和解决问题能力的重要手段。

实习报告总结编写的要求是在充分掌握前人资料的基础上,以自己的野外观察和记录为主。立论正确,依据可靠,叙述简练,图文并茂,主次分明,逻辑性强,富有创造性,内容真实、丰富、简明、扼要。

根据工作的目的和重点不同,报告的内容也有所侧重。实习报告的基本内容一般包括前言、区域地质、地层、岩石、构造、矿产等部分。鉴于本次实习主要面向非地学专业,加之学时较短,建议根据学生兴趣把实习报告写成小专题,如"矿物与岩石"、"地层与构造"、"地质旅游与宝石鉴赏"、"河流地质作用"、"地下水地质作用与岩溶地形"等。

1. 矿物与岩石

以校园和铁山观察路线为主,重点描述岩浆岩和变质岩。要求按岩浆岩、变质岩的顺序分别叙述,要说明成分、结构、构造、产状、成因、时代等。岩浆岩主要包括花岗岩、闪长岩、闪长玢岩、辉绿岩及玄武岩等。变质岩包括大理岩、角岩、构造角砾岩和糜棱岩等。

2. 地层与构造

地层部分以南望山、喻家山观察路线为主,描述实习区的地层层序、时代、接触关系、厚度及分布状况。按照地层的新老关系,由老至新叙述各个时代地层的岩石组合特征、化石特征、沉积特征、分布和出露情况、接触关系、厚度、地貌特征及特殊的识别标志。要求以统为单位描述分布范围,包括分布的地理位置、构造部位及规模;以组为单位描述岩性及岩性组合特征、特殊结构构造、化石门类及丰富程度、地层厚度等;描述与下伏地层接触关系;以纪为单位对沉积环境作简要分析。

构造部分需要说明实习区的大地构造位置、基本的构造格局、具体构造的类型和特征。对褶皱构造与断裂构造分别进行详细描述,并应附有素描图、构造剖面图等。褶皱构造要描述构造的位置、范围、规模、长轴方向,核部的地层时代、岩性,两翼的地层时代、岩性、层序,两翼岩层的产状,轴面和枢纽的产状,最后确定褶皱的类型、褶皱的形成时期及形成机制。断裂构造要描述断层的位置、方向、规模、断层面产状及形态变化,断层面、断层带的特征,如擦痕、断层泥、断层角砾、断层崖等,断层两盘的地层时代、岩性,两盘岩层的产状,地层的牵引现象,伴生节理及构造岩等。

3. 河流地质作用

以阳逻观察路线为主,叙述河流地质作用的总体特征,包括河流的侵蚀作用、搬运作用和沉积作用。根据阳逻所见河流特点(长江中游,倒淌河下游),观察河(江)水动力特点,叙述河流的搬运作用与沉积作用的特征;描述河流阶地特点,分析河流阶地的成因及构造意义。

4. 地下水地质作用与岩溶地形

以白云洞观察路线为主，叙述地下水的侵蚀作用、搬运作用和沉积作用。描述岩石的孔隙度、透水性、地下水特征和运动方式；描述当地潜水面和八分山泉的特征，分析该泉的成因与地貌、地层发育情况的关系。描述白云洞附近的岩溶现象，如石芽、溶沟、漏斗、落水洞等地貌形态，观察白云洞的特征及洞中石钟乳、石笋、石柱、石瀑布等现象，分析岩溶作用发育条件。对八分山泉水量、水质和白云洞的旅游价值作出初步评价。

5. 地质旅游与宝石鉴赏

以逸夫博物馆为主，结合校园中的各种岩矿标本和校园周边的地质现象，对旅游地质资源作出初步评价和开发建议。宝石鉴赏以逸夫博物馆宝玉石展厅中陈列的标本为主，描述常见宝石的类型、光学特征、物理化学性质及鉴定特征，分析宝石星光效应的成因。

要求：

(1)编写实习报告首先要整理所有的野外原始资料，包括野外记录、路线剖面图、素描图、采集的矿物、岩石和化石标本及野外照片和录像等，这些是编写报告的基础和素材。把各种野外资料分门别类地加以总结、概括，编制和清绘必要的图件，然后着手编写文字报告。

(2)要求文字工整，图件美观，要有封面、题目、报告编写人的专业、班级、姓名、野外实习负责人、实习指导教师、报告审核人及报告编写日期等。

参考书目

《沉积构造与环境解释》编写组. 沉积构造与环境解释. 北京:地质出版社,1984
陈公信,金经炜. 湖北省岩石地层. 武汉:中国地质大学出版社,1996
陈武. 结晶学导论. 北京:地质出版社,1985
杜远生,童金南. 古生物地史学概论. 武汉:中国地质大学出版社,2009
傅英祺,叶鹏遥,杨香楷等. 古生物地史学简明教程. 北京:地质出版社,1981
国家技术监督局(发布). 中华人民共和国国家标准·区域地质图图例(1:5000)(GB958—89). 北京:中国标准出版社,1990
乐昌硕. 岩石学. 北京:地质出版社,1984
刘宝珺. 沉积岩石学. 北京:地质出版社,1980
路凤香,桑隆康. 岩石学. 北京:地质出版社,2002
罗谷风. 结晶学导论. 北京:地质出版社,1985
马昌前,杨坤光等. 花岗岩类岩浆动力学. 武汉:中国地质大学出版社,1994
潘兆橹等. 结晶学及矿物学. 北京:地质出版社,1993
全国地层委员会. 中国地质指南及中国地层指南说明书. 北京:科技出版社,2002
斯托特著;施倪承,马喆生等译. 矿物学原理. 北京:地质出版社,1992
王永华,刘文荣. 矿物学. 北京:地质出版社,1985
游振东,王方正. 变质岩岩石学教程. 武汉:中国地质大学出版社,1991
曾广策,朱云海,叶德隆. 透明造岩矿物与宝石晶体光学. 武汉:中国地质大学出版社,1997
曾佐勋,樊光明,刘强等. 构造地质学实习指导书. 武汉:中国地质大学出版社,2008
赵俊磊. 变质岩石学. 北京:地质出版社,1989
赵珊茸. 结晶学及矿物学. 北京:高等教育出版社,2004
钟增球,郭宝罗. 构造岩与显微构造. 武汉:中国地质大学出版社,1991
朱志澄,宋鸿林. 构造地质学. 武汉:中国地质大学出版社,1990
W. W. Mcorhouse 著;马志先,吴国忠,马绍周译. 岩石薄片研究入门. 北京:地质出版社,1986